LACÉPÈDE

Gr. in-8°. 4° série.

LACÉPÈDE

MADAME LA COMTESSE DROHOJOWSKA

née Symon de Latreiche.

LES SAVANTS MODERNES ET LEURS ŒUVRES

LACÉPÈDE

LES POISSONS

orné de 52 gravures.

DEUXIÈME ÉDITION

LIBRAIRIE DE J. LEFORT

IMPRIMEUR ÉDITEUR

LILLE | PARIS

rue Charles de Muyssart, 24 | rue des Saints-Pères, 30

INTRODUCTION

« Indépendamment des ouvrages didactiques proprement dits, nous estimons qu'il importe de mettre entre les mains des jeunes gens, des livres qui les initient de bonne heure aux méthodes des sciences d'observation, et développent en même temps chez eux l'esprit pratique. »

Le désir, ou plutôt le vœu, exprimé dans ces lignes, nous a suggéré le plan de la collection dont nous offrons les premiers volumes au lecteur, et que nous intitulons : *les Savants modernes et leurs œuvres*.

Faire mieux connaître les hommes remarquables auxquels, dans notre France, les sciences doivent les merveilleux progrès qui ont signalé notre siècle et la fin du siècle dernier; reproduire, non pas des extraits amoindris et trop souvent retouchés de leurs œuvres, mais des parties entières (1) et textuelles de leurs travaux; en un mot, montrer l'homme, sa méthode, ses découvertes et son style, tel est le but que nous nous proposons.

L'histoire naturelle ayant par elle-même un grand attrait, c'est par un groupe de grands naturalistes que nous avons commencé cette série de portraits et d'études.

Lacépède devait y trouver sa place après Réaumur et Buffon.

Emule du premier par les découvertes heureuses qu'il a faites dans un ordre d'animaux jusque-là aussi

______
(1) Sauf bien entendu certains détails techniques qui ont dû être supprimés.

peu connus que l'étaient les insectes avant Réaumur, et par les observations minutieuses qui lui ont permis de pénétrer des secrets que la nature semblait vouloir cacher aux regards de l'homme; — disciple et continuateur du second dont il était l'admirateur passionné; — administrateur habile et intègre, ami généreux et dévoué, l'auteur de l'histoire naturelle des poissons, de celle des célacés et de tant d'intéressantes études sur une foule d'êtres animés, offre d'ailleurs par lui-même un de ces exemples qu'on ne saurait trop proposer à l'émulation de la jeunesse : l'exemple d'une vie toute remplie par le travail, et d'un caractère loyal et désintéressé.

Le rapide écoulement de la première édition de ce volume et de ceux de la même collection qui l'ont précédé, nous a prouvé que nous ne nous étions pas trompé touchant l'intérêt et l'utilité de cette publication. Ce succès, en nous permettant de revoir notre travail pour le corriger et le compléter, nous crée le devoir d'apporter le plus grand soin dans le choix des savants et dans celui des fragments de leurs œuvres que nous présenterons successivement à l'attention de nos lecteurs. Nous aborderons ainsi tour à tour les différentes branches de la science. Déjà cette année, avec Malte-Brun, nous sommes entré sur le domaine de la géographie, domaine immense que le zèle et l'ardeur de nos voyageurs et de nos savants ont si largement exploré depuis que le grand géographe que nous venons de nommer leur en a, si l'on peut ainsi parler, ouvert les portes, et où il ne sera pas difficile de lui trouver des émules et des continuateurs.

LACÉPÈDE

I

Bernard-Germain-Etienne de la Ville, connu dans le monde et dans les sciences sous le nom de comte de LACÉPÈDE, naquit à Agen, le 26 décembre 1726, de Jean-Joseph-Médard de la Ville, lieutenant-général de la sénéchaussée, et de Marie de Lafond.

Non seulement sa famille était considérée dans sa province et y avait contracté des alliances distinguées, mais M. de Lacépède trouva dans les papiers qu'elle conservait des traces d'une origine beaucoup plus illustre qu'on ne pouvait le supposer.

Il crut y découvrir que c'était une branche d'une maison connue dès le onzième siècle, et qui prenait son nom du bourg de Ville-sur-Ilon, dans le diocèse de Verdun ; maison qui a fourni un régent à la Lorraine, et s'est alliée aux princes de Bourgogne, de Lorraine et de Bade.... Cette recherche ne fut toutefois pour Lacépède qu'une affaire de curiosité, et, loin de s'en prévaloir contre la vanité des autres, il entra dans le monde bien résolu à ne marquer sa naissance que par une politesse exquise. Il ne manqua jamais à cette résolution, et quelques-uns de ses contemporains trouvèrent même qu'il mettait à la remplir une sorte de superstition : il est très vrai qu'il ne passait pas volontairement le premier à une porte, qu'il rendait toujours le dernier salut, et qu'il n'y avait point d'auteur, si vain qu'il fût, qui, lui présentant un ouvrage, ne s'étonnât lui-même des éloges qu'il en recevait.

Mais ce qui n'est pas moins vrai, c'est que ces démonstrations n'avaient rien de calculé ni de factice, et qu'elles prenaient leur source dans un sentiment profond de bienveillance et de bonne opinion des autres. Aussi tout le monde rendait-il à Lacépède la justice de reconnaître qu'il était encore plus obligeant que poli ; qu'il rendait plus de services, qu'il répandait plus de bienfaits qu'il ne donnait d'éloges. Ces dispositions affectueuses, qui l'ont animé si longtemps et qu'il a portées plus loin peut-être qu'aucun autre homme, avaient été profondément imprimées dans son cœur par sa première éducation.

M. de la Ville, son père, veuf de bonne heure, l'élevait sous ses yeux, avec une tendresse d'autant plus vive qu'il retrouvait en lui l'image d'une épouse qu'il avait fort aimée. Il exigeait des maîtres qu'il lui donnait autant de douceur que de lumières, et ne lui laissait voir que des enfants dont les sentiments répondissent à ceux qu'il désirait lui inspirer.

M. de Chabannes, évêque d'Agen et ami de M. de la Ville, le secondait dans ces attentions recherchées. Il recevait le jeune Lacépède, l'encourageait dans ses études et lui permettait de se servir de sa bibliothèque. Mais, tout en ayant l'air de ne pas le gêner dans le choix de ses lectures, M. de Chabannes et M. de la Ville s'arrangeaient pour qu'il ne mît la main que sur des livres excellents. C'est ainsi que, pendant toute sa jeunesse, il n'avait eu occasion de se faire l'idée ni d'un méchant homme, ni d'un mauvais auteur.

A douze et à treize ans, selon ce qu'il dit lui-même dans des *Mémoires* que nous avons sous les yeux, il se figurait encore que tous les poètes ressemblaient à Corneille ou à Racine, tous les historiens à Bossuet, tous les moralistes à Fénelon ; et sans doute il imaginait aussi que l'ambition et le désir de la gloire ne produisent pas sur les hommes d'autres effets que ceux que l'émulation avait fait naître parmi ses jeunes camarades.

Les occasions de se désabuser ne lui manquèrent pas pendant sa longue vie et dans ses diverses carrières ; toutefois elles ne parvinrent point à effacer tout à fait les douces illusions de son enfance. Son premier mouvement fut toujours celui d'un optimiste qui ne pouvait croire, ni à de mauvais sentiments, ni à de mauvaises intentions ; à peine se permettait-il de supposer qu'on pût se tromper, et ces préventions d'un genre si rare l'ont dirigé dans ses actions et dans ses écrits, non moins que dans ses habitudes de société.

Plus d'une fois dans ses ouvrages il lui est échappé quelque erreur pour n'avoir pas voulu révoquer en doute le témoignage d'un autre écrivain ; et, dans les affaires, il était toujours le premier à chercher des excuses pour ceux qui le contrariaient. Un homme d'esprit a dit de lui qu'il ne savait pas trouver de tort à un autre, et cela était vrai même de ses ennemis ou de ses détracteurs.

Buffon était du nombre des auteurs que de bonne heure on lui avait laissé lire ; il le portait avec lui dans ses promenades. C'était au milieu du plus beau pays du monde, sur les bords de cette vallée si féconde de la Garonne, en face de ces collines si riches, de cette vue que les cimes des Pyrénées terminent si majestueusement, qu'il se pénétrait des tableaux éloquents de ce grand écrivain ; sa passion pour les beautés de la nature naquit donc en même temps que son admiration pour le grand peintre à qui il devait d'en avoir plus vivement éprouvé les jouissances, et ces deux sentiments demeurèrent toujours unis dans son âme. Il prit Buffon pour maître et pour modèle ; il le lut et le relut au point de le savoir par cœur, et, dans la suite, il en porta l'imitation jusqu'à calquer la coupe et la disposition générale de ses écrits sur celles de l'*Histoire naturelle*.

Cependant les circonstances avaient encore éveillé en lui un autre goût qui ne convenait pas moins à une imagination jeune et méridionale, celui de la musique. Son père, son précepteur, presque tous ses parents étaient musiciens ; ils se réunissaient souvent pour exécuter des concerts.

Le jeune Lacépède les écoutait avec un plaisir inexprimable, et bientôt la musique devint pour lui une seconde langue qu'il écrivit et qu'il parla avec une égale facilité. On aimait à chanter ses airs, à l'entendre toucher du piano ou de l'orgue. La ville entière d'Agen applaudit à un motet, qu'on l'avait prié de composer pour une cérémonie ecclésiastique, et, de succès en succès, il avait été conduit jusqu'au projet hardi de mettre *Armide* en musique lorsqu'il apprit que Gluck travaillait aussi à cet opéra.

Cette nouvelle le fit renoncer à son entreprise. Mais il ne put résister à la tentation de communiquer ses essais à ce grand compositeur, et il en reçut le compliment qui pouvait le toucher le plus : Gluck trouva que le jeune amateur s'était plus d'une fois rencontré avec lui dans ses idées.

Pendant le même temps, Lacépède s'adonnait avec ardeur à la physique. Dès l'âge de douze ou treize ans, et sous les auspices de M. de Chabannes, il avait formé avec les jeunes camarades que la prévoyante sagesse de son père lui avait choisis, une espèce d'académie, dont plusieurs membres sont devenus ensuite membres ou correspondants de l'Institut.

Leurs occupations, d'abord conformes à leur âge, devinrent par degré plus sérieuses : ils faisaient ensemble des expériences sur l'électricité, sur l'aimant et sur les autres sujets qui occupaient alors le plus les physiciens. Lacépède, ayant tiré de ces expériences quelques conclusions qui lui semblèrent nouvelles, le choix de celui à qui il devait les soumettre ne fut pas douteux : il les adressa dans un mémoire au grand naturaliste dont il admirait tant le génie, et il en reçut une réponse, non moins flatteuse que celle du grand musicien. Buffon le cite même en termes honorables dans quelques endroits de ses suppléments.

C'était, on le croira volontiers, plus d'encouragement qu'il n'en fallait pour exalter un jeune homme de vingt ans. Plein d'espérance et de feu, il accourt à Paris avec ses partitions et ses registres d'expériences ; il y arrive dans la nuit, et le matin de bonne heure il est au Jardin du Roi. Buffon, le voyant si jeune, fait semblant de croire qu'il est le fils de celui qui lui avait écrit ; il le comble d'éloges.

Une heure après, chez Gluck, il en est embrassé avec tendresse ; il s'entend dire qu'il a réussi mieux que Gluck lui-même dans le récitatif, *Il est enfin dans ma puissance,* rendu si célèbre par Jean-Jacques Rousseau.

Le même jour, M. de Montazet, archevêque de Lyon, son parent, membre de l'Académie, le garde à un dîner où se devait trouver l'élite des académiciens. On y lit des morceaux de poésie et d'éloquence ; il y prend part à une de ces conversations vives et nourries, si rares ailleurs que dans une grande capitale. Enfin il passe la soirée dans la loge de Gluck à entendre une représentation d'*Alceste.*

Cette journée ressembla à un enchantement continuel. Lacépède était transporté, et ce fut au milieu de ce bonheur qu'il fit le vœu de se consacrer désormais à la double carrière de la science et de l'art musical.

II

Ce plan était bien celui d'un jeune homme qui ne connaît encore de la vie que ses douceurs, et du monde que ce qu'il a d'attrayant. Rendre à l'art musical, par une expression plus vive et plus variée, ce pouvoir qu'il exerçait sur les anciens et dont les récits nous étonnent encore; porter dans la physique cette élévation de vues et ces travaux éloquents par lesquels l'*Histoire naturelle* de Buffon avait acquis tant de célébrité; voilà ce qu'il se proposait, ce que déjà, dans sa pensée, il se représentait comme à moitié obtenu.

On conçoit que ni l'un ni l'autre de ces projets ne pouvait se présenter sous le même jour à de graves magistrats ou à de vieux officiers tels qu'étaient presque tous ses parents; non pas qu'ils pensassent comme ce frère de Descartes, conseiller dans un parlement de province, qui croyait sa famille déshonorée parce qu'elle avait produit un auteur; les esprits étaient plus éclairés à Agen, à la fin du xviiie siècle, qu'en Bretagne dans le commencement du xviie : mais des personnages âgés et pleins d'expérience pouvaient craindre qu'un jeune homme présumât trop de ses forces, et qu'un vain espoir de gloire n'eût, pour lui, d'autre effet que de lui faire manquer sa fortune.

D'après ses liaisons et ses alliances, il pouvait espérer un sort également honorable dans la robe, dans l'armée ou dans la diplomatie; on lui laissait le choix d'un état, mais on le pressait d'en prendre un; et sa tendresse pour ses parents l'aurait peut-être emporté sur ses projets, s'il ne se fut présenté à lui un moyen inattendu de sortir d'embarras.

Un prince allemand, dont il avait fait la connaissance à Paris, se chargea de lui procurer un brevet de colonel au service des Cercles; service peu pénible, ou plutôt qui n'en était pas un, puisque nous apprenons de Lacépède, dans ses *Mémoires*, que, bien qu'il ait fait vers ce temps-là deux voyages en Allemagne, il n'a jamais vu son régiment; mais enfin, tel qu'il était, ce service donnait un titre, un uniforme, des épaulettes; la famille s'en contenta, et le jeune colonel eut désormais la permission de se livrer à ses goûts.

Ce qu'il y a de plus plaisant, c'est que, bien autrement persuasif que Descartes, il détermina son père lui-même à quitter la robe, à accepter le titre de conseiller d'épée du landgrave de Hesse-Hombourg, et à paraître dans le monde vêtu en cavalier.

Ce bon vieillard se proposait de venir s'établir à Paris avec son fils, lorsque la mort l'enleva après une maladie douloureuse, en 1783.

Dans le double plan de vie que Lacépède s'était tracé, il y avait une moitié, celle de la science, où le succès ne dépendait que de lui-même; mais il en était une autre, où il ne pouvait l'espérer que du concours d'une multitude de volontés, que l'on sait assez ne pas se mettre aisément d'accord.

Sur une invitation de Gluck, et en partie avec les avis de ce grand maître, il avait composé la musique d'un opéra.

Après deux ou trois ans de travail et de sollicitations, il en avait obtenu une première répétition; deux ans encore après, on en fit une répétition générale : les auteurs, l'orchestre et les assistants lui présageaient un grand succès, lorsque l'humeur subite d'une actrice fit tout suspendre. Lacépède supporta cette contrariété conformément à son caractère, avec douceur et politesse; mais il jura à part lui qu'on ne l'y prendrait plus, et il se décida à ne faire désormais de la musique que pour ses amis.

On aurait regret à cette résolution si, de la théorie que se fait un artiste, on pouvait conclure quelque chose touchant le mérite de ses œuvres. *La Poétique de la musique*, que Lacépède publia en 1785, annonce un homme rempli du sentiment de son art. La musique, selon l'auteur, n'est que le langage ordinaire dont on a ôté toutes les articulations, et dont on a soutenu tous les tons, en les élevant aussi haut et en les portant aussi bas que l'ont souffert les voix qui devaient les former et l'oreille qui devait les saisir, et en leur donnant, par ces deux moyens, une expression plus forte puisqu'elle est à la fois plus durable, plus étendue et plus variée. Elle exprime plus vivement nos passions et le désordre de nos agitations intérieures, en franchissant de plus grands intervalles de l'échelle musicale et en les franchissant plus rapidement; elle recueille les cris que la passion arrache, ceux de la douleur, ceux de la joie, tous les tons, enfin, que la nature a destinés à accompagner et par conséquent à caractériser les effets que la musique sait peindre.

De l'identité du langage, de celle des sentiments qu'il a à exprimer, résultent, pour le musicien, les mêmes devoirs que pour le poète. Toute pièce de musique, qu'elle soit ou non jointe à des paroles, est un poème : mêmes précautions dans l'exposition, même succession dans les passions; tous les mouvements en doivent être semblables; il n'est point de caractère, point de situation que le musicien ne doive et ne puisse rendre par les signes qui lui sont propres. L'auteur jugeait même possible de rappeler à l'esprit les choses inanimées, par l'imitation des sons qui les accompagnent d'ordinaire ou par des combinaisons de sons propres à réveiller des idées analogues.

Cet ouvrage, écrit avec feu et plein de cette éloquence naturelle à un jeune homme passionné pour son sujet, fut accueilli avec faveur, surtout par l'un des deux partis qui divisaient alors les amateurs de musique, celui des Gluckistes, qui y reconnurent les principes de leur chef, exprimés avec plus de netteté et d'élégance que ce chef ne l'eût pu faire. Le roi de Prusse, Frédéric II, lui-même, comme on sait, musicien et poète et dont les compliments n'étaient pas du style de chancellerie, lui écrivit une lettre flatteuse ; et, ce qui lui fit peut-être encore plus de plaisir, le célèbre Sacchini lui marqua sa satisfaction dans les termes les plus vifs.

Lacépède, nous devons l'avouer, ne fut pas aussi heureux dans ses ouvrages de physique (*Essai sur l'électricité* et *Physique générale et particulière*). Buffon, qui, sur les sens, sur l'instinct, sur la génération des animaux, sur l'origine des mondes, n'avait à traiter que des phénomènes qui échappent encore à l'intelligence, pouvait, en se bornant à les peindre, mériter le titre qui lui est si légitimement acquis, de l'un de nos plus éloquents écrivains; il le pouvait encore lorsqu'il n'avait à offrir que les grandes scènes de la nature ou les rapports multipliés de ses productions, ou les variétés infinies du spectacle qu'elles nous présentent; mais aussitôt qu'il veut remonter aux causes et les découvrir par les simples combinaisons de l'esprit, ou plutôt par les efforts de l'imagination, sans démonstration et sans analyse, le vice de sa méthode se fait sentir aux plus prévenus. Chacun voit que ce n'est qu'en se faisant illusion, par l'emploi d'un langage figuré, qu'il a pu attribuer à des molécules organiques la formation des cristaux ; trouver quelque chose d'intelligible dans ce monde intérieur, cause efficiente, selon lui, de la reproduction des êtres organisés ; croire expliquer les mouvements volontaires des animaux, et tout ce qui, chez eux, approche de notre intelligence, par une simple réaction mécanique de la sensibilité; semer, en un mot, un ouvrage, dont presque partout le fond et la forme sont également admirables, d'une foule de ces hypothèses vagues, de ces systèmes fantastiques, ne servant qu'à le déparer; à plus forte raison, un pareil langage ne pouvait-il être reçu avec approbation dans les matières telles que la physique, où déjà le calcul et l'expérience étaient depuis longtemps

reconnus comme les seules preuves distinctes de la vérité. Ce
n'est pas lorsqu'un esprit juste est éclairé de ces vives lumières
qu'il préférera une méthode compassée à une observation posi-
tive, ou une métaphore à des nombres précis.

Aussi, avec quelque talent que Lacépède ait soutenu ses
hypothèses, les physiciens se refusèrent à les admettre, et il
ne put faire prévaloir ni son opinion que l'électricité est une
combinaison du feu avec l'humidité intérieure de la terre, ni
celle que la rotation des corps célestes n'est qu'une modification
de l'attraction, ni d'autres systèmes que rien n'appuyait et que
rien n'a confirmé.

Mais si la vérité nous oblige de rappeler ces erreurs de la
jeunesse de Lacépède, elle nous oblige de déclarer aussi qu'il
se garda d'y persister. Il n'acheva point sa *Physique*, et, dans
la suite, il retira autant qu'il le put les exemplaires de ces
deux ouvrages, qui, en conséquence, sont devenus aujourd'hui
assez rares.

Heureusement pour sa gloire, Buffon, qui ne pouvait avoir
sur cette méthode les mêmes idées que son siècle, et qui,
peut-être, avec cette faiblesse trop naturelle aux vieillards,
trouvait, dans les aberrations mêmes que nous venons de signa-
ler, un motif de plus de s'attacher à son jeune disciple, lui
rendit le service de lui ouvrir une voie où il pourrait exercer
son talent sans contrevenir aux lois impérieuses de la science.

Il lui proposa de continuer la partie de son *Histoire naturelle* qui traite des animaux ; et pour qu'il pût se livrer plus
constamment aux études qu'exigeait un pareil travail, il lui
offrit la place de garde et sous-démonstrateur du Cabinet du
Roi, dont Daubenton venait de se démettre.

L'héritage était trop beau pour que Lacépède ne l'acceptât
pas avec une vive reconnaissance et avec toutes ses charges ;
car cette place en était remplie pour lui. Fort assujettissante
et un peu subalterne, elle correspondait mal à sa fortune
et surtout au rang qu'il s'était donné dans le monde ; toutefois,

il lui suffit de l'avoir acceptée pour en remplir les devoirs avec autant de ponctualité qu'aurait pu le faire le moindre gagiste. Tout le temps qu'elle resta sur le même pied, il se tenait les jours publics dans les galeries, prêt à répondre, avec sa politesse accoutumée, à toutes les questions des curieux et ne montrant pas moins d'égards aux plus pauvres personnes du peuple qu'aux hommes les plus considérables ou aux savants les plus distingués. C'était ce que bien peu d'hommes dans sa position eussent voulu faire; mais il le faisait pour plaire à un maître chéri, pour se rendre digne de lui succéder, et cette idée ennoblissait tout à ses yeux.

Dès 1788, quelques mois avant la mort de Buffon, il publia le premier volume de son *Histoire des reptiles*, qui comprend les quadrupèdes ovipares, et, l'année suivante, il donna le second, qui traite des serpents.

Cet ouvrage, par l'élégance du style, par l'intérêt des faits qui y sont recueillis, fut jugé digne du livre immortel auquel il fait suite, et on lui trouva même, relativement à la science, des avantages incontestables. Il marque les progrès que les idées avaient faits depuis quarante ans que l'*Histoire naturelle* avait commencé à paraître, progrès qui avaient été préparés par les travaux mêmes de l'homme qui s'était le plus efforcé de les combattre; et, en le considérant sous un autre point de vue, il peut servir aussi de témoin des progrès que la science a faits pendant les années écoulées depuis qu'il a paru.

On n'y voit plus rien de cette antipathie pour les méthodes et pour une nomenclature précise, à laquelle Buffon s'est laissé aller en tant d'endroits. Lacépède établit des classes, des ordres, des genres. Il caractérise nettement ces divisions; il énumère et nomme avec soin les espèces qui doivent se ranger sous chacune d'elles; mais s'il est aussi méthodique que Linnée, il ne l'est pas plus philosophiquement. Ses ordres, ses genres, ses divisions de genres sont eux-mêmes fondés sur des caractères très apparents, mais souvent peu d'accord avec les rapports naturels. Il s'inquiète peu de l'organisation intérieure. Les grenouilles, par exemple, y demeurent dans le même ordre que les lézards et les tortues, parce qu'elles ont quatre pieds. D'autres reptiles en sont séparés parce qu'ils n'en ont que deux. Les salamandres ne sont pas même distinguées des autres lézards par le genre.

Quant au nombre des espèces, cet ouvrage rend l'augmentation actuelle de nos richesses encore plus sensible que le perfectionnement de nos méthodes.... Nous le trouvons, à l'exemple de Buffon et de Linnée, trop enclin à réunir beaucoup d'espèces, comme si elles n'en eussent formé qu'une seule ; c'est ainsi qu'il n'a admis qu'un crocodile et qu'un monitor au lieu de dix ou de quinze de ces reptiles qui existent réellement ; d'où il est arrivé qu'il a placé le même animal dans les deux continents, lorsque souvent on ne le trouverait que dans un canton assez borné de l'un ou de l'autre ; mais ces erreurs étaient inévitables à une époque où l'on n'avait pas comme aujourd'hui des individus authentiques, apportés de chaque contrée par des voyageurs connus et instruits.

Buffon venait de mourir ; le deuxième volume est terminé par un éloge de ce grand homme ou plutôt par un hymne à sa mémoire ; une espèce de dithyrambe éloquent que l'auteur suppose chanté dans la réunion des naturalistes en l'honneur de « celui qui a plané au-dessus du globe et de ses âges, qui a vu la terre sortir des eaux, et les abîmes de la mer peuplés d'êtres dont les débris formeront un jour de nouvelles terres ; de celui qui a gravé sur un monument plus durable que le bronze les traits augustes du Roi de la création, et qui a assigné aux divers animaux leur forme, leur physionomie et leurs caractères, leur pays et leur nom. » Telles sont les expressions pompeuses et magnifiques dans lesquelles s'exhalent les sentiments qui remplissent le cœur de Lacépède. Ils y sont portés jusqu'à l'enthousiasme le plus vif ; mais c'est un

Buffon qui l'inspire, et il l'inspire à son ami, à son jeune
élève, à celui qu'il a voulu faire hériter de son nom et de sa
gloire. Sans doute le bonheur des hommes qui, après eux,
peuvent laisser de telles impressions est grand, mais c'en est
un aussi, et peut-être un plus grand, de les éprouver à ce
degré.

III

A cette époque, un changement se préparait dans l'existence, jusque-là si douce, de notre jeune naturaliste. Des
événements, aussi grands que peu prévus, venaient de tout
déplacer en France. Le pouvoir n'était plus que le produit
journalier de la faveur populaire, et chaque mois voyait tomber
à l'essai quelque grande réputation ou s'élever du sein de
l'obscurité quelque grand personnage jusque-là inaperçu.

Tout ce que la France avait d'hommes de quelque célébrité
furent successivement invités ou entraînés à prendre part à
cette grande et dangereuse loterie ; et Lacépède, que son
existence, sa réputation littéraire et une popularité acquise
également par l'aménité et par la bienfaisance, désignaient à
toutes les sortes de suffrages, eut moins de facilités qu'un autre
à se soustraire au torrent.

On le vit successivement président de sa section, comman-
dant de la garde nationale, député extraordinaire de la ville
d'Agen près de l'Assemblée constituante, membre du conseil
général du département de Paris, député à la première légis-
lative et président de cette assemblée. Plus d'une fois, placé
dans les positions les plus délicates, il y porta les sentiments

bienveillants qui faisaient le fond de son caractère et les formes agréables qui en embellissaient l'expression ; mais à l'époque dont nous parlons, ce n'étaient pas ces qualités qui pouvaient donner de la prépondérance.... Lacépède fut un des derniers à reconnaître cette vérité. La bonne opinion qu'il avait des hommes était trop enracinée, pour qu'il ne se persuadât pas que sa popularité suffirait à le sauvegarder, alors même qu'il était publiquement désigné par les journaux du temps comme un brigand et un suspect.... Ses amis l'emmenèrent à la campagne, presque de force. Il voulut même de temps en temps revenir malgré eux dans ce cabinet où le rappelaient ses études, et, dans sa bonne foi, rien ne lui sembla plus simple que d'en faire demander la permission à Robespierre :

— Il est à la campagne : dites-lui qu'il y reste.

Cette réponse fut faite d'un ton à ne pas se faire répéter la demande. Il est certain qu'une heure de séjour dans la capitale eut été l'arrêt de mort de Lacépède. Bientôt il ne lui suffit plus d'être absent ; il dut, pour ne laisser aucun prétexte aux persécutions, donner sa démission de sa place au Muséum.

Ce ne fut qu'après le 9 thermidor qu'il put rentrer à Paris.

Il y revint avec un titre singulier pour un homme de quarante ans, déjà connu par tant d'ouvrages, celui d'élève de l'Ecole normale, fondée à cette époque.... Depuis sa démission, il n'était plus légalement membre de l'établissement du Jardin du Roi, et il n'avait pas été compris dans l'organisation que l'on en avait faite pendant son absence ; mais à peine fut-il permis de prononcer son nom sans danger pour lui que ses collègues s'empressèrent de l'y faire rentrer.

On créa, à cet effet, une chaire nouvelle affectée à l'histoire des reptiles et des poissons, en sorte qu'on lui fit un devoir spécial précisément de l'étude qu'il avait choisie par goût. Ses leçons obtinrent le plus grand succès ; on y voyait accourir en foule une jeunesse privée depuis trois ou quatre ans de tout

enseignement et qui en était pour ainsi dire affamée. La
politesse du professeur, l'élégance de son langage, la variété
des idées et des connaissances qu'il exposait, tout, après cet
intervalle, rappelait pour ainsi dire un autre siècle.

Ce fut alors surtout qu'il prit dans l'opinion le rang de
véritable successeur de Buffon ; et, en effet, on en retrouvait
en lui les manières distinguées : il montrait le même art d'inté-
resser aux matières les plus arides, et de plus, à cette époque
où Daubenton touchait au terme de sa carrière, il restait seul
de cette grande association qui avait travaillé à l'*Histoire
naturelle*.

C'est à ce titre qu'il fut hautement appelé à faire partie de
l'Institut, et qu'il se trouva ainsi l'un de ceux qui furent
chargés de renouveler l'Académie des sciences, cette Académie dont, quelques années auparavant, le souvenir de ses
ouvrages de physique lui aurait peut-être rendu l'entrée
assez difficile. Il s'agissait d'y rappeler plusieurs de ceux qui
l'avaient repoussé, et pour tout autre cette position aurait
pu être délicate ; mais nous l'avons déjà vu, il était incapable
de se souvenir d'un tort, et les hommes dont nous parlons ne
furent pas de ceux dont il s'empressa le moins d'accueillir les
sollicitations.

Il fut un des premiers secrétaires de l'Institut, et son bel
éloge historique de Dolomieu fera toujours regretter qu'il ait
été enlevé par de hautes dignités à un poste qu'il eût si bien
rempli. Déjà, dans sa première jeunesse, il avait célébré, avec
la chaleur de son âge, le dévouement du prince Léopold de
Brunswick, mort en essayant de sauver des malheureux, victimes d'une grande inondation.

Il paraît cependant qu'au milieu de ces causes nombreuses
de célébrité, son nom n'arriva pas à tous les membres de
l'administration du temps, et l'on n'a pas oublié l'anecdote
de ce ministre du Directoire qui, revenant de faire sa visite
officielle au Muséum, et interrogé par quelqu'un s'il avait

vu Lacépède, répondit qu'on ne lui avait montré que la
girafe et se plaignit beaucoup qu'on ne lui eût pas fait tout
voir.

Nous rappelons cette aventure burlesque, parce qu'elle peint
l'époque.

IV

De toutes les occupations auxquelles Lacépède avait été
contraint de se livrer, les sciences seules, comme c'est l'ordinaire, lui avaient été fidèles à l'époque du malheur, et c'était
avec elles qu'il s'était consolé dans sa retraite.

Reprenant les habitudes de sa jeunesse, passant les journées
au milieu des bois ou au bord des eaux, il avait tracé le plan de
son *Histoire des poissons*, le plus important de ses ouvrages.
Aussitôt après son retour, il s'occupa de le rédiger, et, au
bout de deux ans, en 1798, il se vit en état d'en faire paraître
le premier volume : il en a publié successivement cinq dont le
dernier est de 1803.

Cette classe nombreuse d'animaux, peut-être la plus utile
pour l'homme après les quadrupèdes domestiques, est la
moins connue de toutes ; c'est aussi celle qui se prête le moins
à des développements intéressants ; froids et muets, passant
une grande partie de leur vie dans des abîmes inaccessibles ;
exempts, du moins en apparence, de ces mouvements passionnés
qui rapprochent les quadrupèdes de nous ; ne montrant rien
de cette tendresse conjugale, de cette sollicitude paternelle qu'on
admire dans les oiseaux, ni de ces industries si variées, si

ingénieuses qui rendent l'étude des insectes aussi importante
pour la philosophie générale que pour l'histoire naturelle, les
poissons n'ont presque à offrir à la curiosité que des configu-
rations et des couleurs dont les descriptions rentrent nécessairement dans les mêmes formes et prêtent aux ouvrages qui en
traitent une monotonie inévitable.

Lacépède a fait de grands efforts pour vaincre cette difficulté, et il y est souvent parvenu. Tout ce qu'il a pu recueillir
sur l'organisation de ces animaux, sur leurs habitudes, sur les
guerres que les hommes leur livrent, sur le parti qu'ils en
tirent, il l'a exposé dans un style élégant et pur; il a su même
répandre du charme dans leur description, toutes les fois
que les beautés qui leur ont aussi été départies dans un
haut degré permettaient de les offrir à l'admiration des
naturalistes.

Et n'est-ce pas, en effet, un grand sujet d'admiration que
ces couleurs brillantes, cet éclat de l'or, de l'acier, du rubis,
de l'émeraude versé à profusion sur des êtres que naturellement l'homme ne doit presque pas rencontrer, qui se voient
à peine entre eux dans les sombres profondeurs où ils sont
retenus! Mais encore les paroles ne peuvent avoir ni la même
variété, ni le même éclat; la peinture même serait impuissante
pour en reproduire la magnificence.

Toutes les difficultés dont nous parlons ne sont relatives
qu'à la forme et ne naissent que du désir si naturel à un
auteur, qui succède à Buffon, de se faire lire par les gens du
monde. Il y en a qui tiennent de plus près au fond du sujet,
dont les hommes du métier peuvent seuls se faire une idée.

Avant d'écrire sa première page sur une classe quelconque
d'êtres, le naturaliste, qui veut mériter ce nom, doit avoir
recueilli autant d'espèces qu'il lui est possible, les avoir grou-
pées d'après l'ensemble de leurs caractères, avoir démêlé
dans les écrits toujours incomplets et souvent contradictoires
de ses prédécesseurs ce qui concerne chacune d'elles; y avoir

rapporté les observations, souvent encore plus confuses, plus obscures, de voyageurs la plupart ignorants ou superstitieux, et cependant les seuls témoins qui aient vu ces êtres dans leur climat natal, et qui aient pu parler de leurs habitudes, des avantages qu'ils procurent, des dommages qu'ils occasionnent. Pour apprécier ces témoignages, il faut qu'il connaisse toutes les circonstances où les auteurs qu'il consulte se sont trouvés, leur caractère moral, leur degré d'instruction ; il devrait presque lire toutes les langues : l'historien de la nature, en un mot, ne peut se passer d'aucune des ressources de la critique, de cet art de reconnaître la vérité, si nécessaire à l'historien des hommes, et il doit y joindre encore une multitude d'autres talents.

Lacépède, lorsqu'il composa son ouvrage sur les poissons, ne se trouvait pas dans des circonstances où les ressources dont nous parlons fussent toutes à sa disposition. L'anatomie des poissons n'était pas assez avancée pour lui fournir les bases d'une distribution naturelle. Une guerre générale avait établi une barrière presque infranchissable entre la France et les autres pays ; elle nous fermait les mers et nous séparait de nos colonies. Ainsi les livres étrangers ne nous parvenaient point ; les voyageurs ne nous apportaient pas ces collections si nombreuses et si riches qui nous sont arrivées aussitôt que la mer a été libre ; Peron même, qui avait voyagé pendant la guerre, n'arriva que lorsque l'ouvrage fut terminé. L'auteur ne put donc prendre pour sujet de ses observations que les individus recueillis au Cabinet du Roi avant la guerre, et ceux que lui offrit le Cabinet du Stadthouder, qui avait été apporté à Paris lors de la conquête de la Hollande.

Parmi les naturalistes qui l'avaient précédé, il choisit Gmelin et Bloch pour ses principaux guides.... Les dessins et les descriptions manuscrites de Commerson, et des peintures faites autrefois par Aubriès sur des dessins de Plumier, furent à peu près les seules sources inédites où il lui fut possible de puiser; et, néanmoins, avec des matériaux si peu abondants, il réussit à porter à près de mille les poissons dont il traça l'histoire.... Ce nombre paraîtra faible à ceux qui sauront qu'aujourd'hui le seul Cabinet du Jardin des plantes possède plus de trois mille espèces de poissons ; mais telle a été, dans le monde entier, depuis le commencement de ce siècle, l'activité scientifique, que toutes les collections ont doublé et triplé, et qu'une ère entièrement nouvelle a commencé pour l'histoire de la nature.

Cette circonstance toutefois n'ôte rien au mérite de l'écrivain qui a fait tout ce qui était possible à l'époque où il travaillait, et tel a été Lacépède. Encore aujourd'hui il n'existe sur l'histoire des poissons aucun ouvrage supérieur au sien, et c'est lui que l'on cite dans les écrits particuliers sur cette matière.... Aucun ouvrage, d'ailleurs, si complet qu'il soit, ne fera oublier les morceaux brillants de coloris et pleins de sensibilité et d'une haute philosophie dont il a enrichi le sien.

La science, par sa nature, fait des progrès chaque jour ; il n'est point d'observateur qui ne puisse renchérir sur ses prédécesseurs pour les faits, ni de naturaliste qui ne puisse perfectionner les méthodes antérieures ; mais les beaux écrivains n'en demeurent pas moins immortels.

Plusieurs grands ouvrages de genres différents, dont nous ne saurions ici donner le détail, succédèrent rapidement à l'*Histoire des poissons*.

V

Cependant Lacépède était destiné à une perpétuelle alter-
native d'activité littéraire et d'activité politique. Un gouvernement nouveau, qui avait besoin d'appui dans l'opinion, s'empressa de rechercher un homme également aimé et estimé des
gens de lettres et des hommes du monde. On le revit donc
bientôt dans les places éminentes. Sénateur en 1799, président
du Sénat en 1801, grand chancelier de la Légion-d'honneur en
1803, titulaire de la sénatorerie de Paris en 1804, ministre
d'Etat la même année, et rien ne prouve mieux à quel point le
gouvernement avait été bien inspiré que ce qui fut avoué par
plusieurs émigrés, rentrés à cette époque, c'est qu'à la vue du
nom de Lacépède sur la liste du Sénat, ils s'étaient sentis
rassurés contre le retour des violences et des excès.

.... Mais pour juger l'homme public dans Lacépède, c'est
dans l'administration de la Légion-d'honneur qu'il faut le voir.
Cette institution lui était apparue sous son aspect le plus grand,
destinée — ce sont ses termes — à rétablir le culte du
véritable honneur et à faire revivre, sous de nouveaux emblèmes, l'ancienne chevalerie.... Il travaillait avec une constance
infatigable à l'établir sur la base solide de la propriété. Déjà
les revenus des domaines affectés à cette institution s'étaient
accrus à un très haut degré ; de savants agronomes s'occupaient d'en faire des modèles de culture, et ils pouvaient
devenir aussi utiles à l'industrie que l'institution même au
développement moral de la nation, lorsque le fondateur les fit
vendre et remplacer par des rentes sur le Trésor.

D'autres plans alors furent conçus : une forte somme

devait être employée chaque année à mettre en valeur les terrains incultes que l'Etat possédait dans toute la France; l'emploi devait en être dirigé par les hommes les plus expérimentés. L'Etat pouvait s'enrichir ainsi, sans conquêtes, de propriétés productives, sur une étendue égale à celle de plus d'un département. Les événements arrêtèrent ces nouvelles vues....

On se souvient encore avec quelle affabilité Lacépède recevait les légionnaires, comment il savait renvoyer contents ceux-là mêmes qu'il était contraint de refuser; mais ce que peut-être on sait moins, c'est le zèle avec lequel il prenait leurs intérêts et les défendait dans l'occasion. Je n'en citerai qu'un exemple.

Des croix avaient été accordées après une campagne. L'empereur apprend que le major général en a fait donner par faveur à quelques officiers qui n'avaient pas le temps nécessaire : il commande au grand chancelier de les leur faire reprendre. En vain celui-ci représente la douleur qu'éprouveront ces hommes déjà salués comme légionnaires. Rien ne touche un chef irrité : « *Eh bien ! sire*, dit Lacépède, *je vous demande pour eux ce que je voudrais obtenir si j'étais à leur place, c'est d'envoyer aussi l'ordre de les fusiller.* »

Les croix leur restèrent.

Ce qu'il avait le plus à cœur, c'étaient les maisons d'éducation destinées aux orphelines des légionnaires. Il avait conçu le plan de ces établissements avec grandeur et générosité : mille quatre cents places y furent fondées ou projetées; de grands monuments furent restaurés ou embellis. Ecouen, l'un des restes les plus magnifiques du xvi° siècle, échappa ainsi à la destruction. Plus de trois cents élèves y ont été réunies; à Saint-Denis, on en a vu plus de cinq cents. On a applaudi également à la beauté des dispositions matérielles, à la sagesse des règlements, à l'excellent choix des dames chargées de la direction et de l'enseignement.

L'aménité du grand chancelier, les soucis qu'il se donnait pour le bien-être de toutes ces jeunes personnes, l'en faisaient chérir comme un père, et beaucoup d'entre elles , établies et mères de famille, lui ont donné jusqu'à ses derniers moments des marques de leur reconnaissance. On en cite une qui, mourante, lui fit demander ponr dernière grâce de le voir encore un instant, afin de lui exprimer ce sentiment.

Lacépède conduisait des affaires si multipliées avec une facilité qui étonnait les plus habiles. Une ou deux heures par jour lui suffisaient pour tout décider et en pleine connaissance de cause. Cette rapidité surprenait Napoléon lui-même , cependant assez célèbre aussi dans ce genre. Un jour, il lui demanda son secret. Lacépède lui répondit en riant : « C'est que j'emploie la méthode des naturalistes. » Mot qui, sous l'apparence d'une plaisanterie, a plus de vérité qu'on ne le croirait.

En effet, des matières bien classées sont bien près d'être approfondies ; et la méthode des naturalistes n'est autre chose que l'habileté de distribuer, dès le premier coup d'œil, toutes les parties d'un sujet, jusqu'aux plus petits détails, selon leurs rapports essentiels.

Une chose qui devait encore plus frapper le souverain que l'on n'y avait pas accoutumé, c'était l'extrême désintéressement de Lacépède. Il n'avait voulu d'abord accepter aucun salaire ; mais comme sa bienfaisance allait de pair avec son désinté- ressement, il vit bientôt son patrimoine se fondre et une masse de dettes se former, qui auraient pu excéder ses ressources. Ce fut alors qu'on le contraignit, en quelque sorte, à accepter un traitement et à en toucher même l'arriéré. Le seul avantage qui en résulta pour lui fut de pouvoir étendre ses libéralités. Il se croyait comptable avec le public de tout ce qu'il en recevait, et, dans ce compte, c'était toujours contre lui que portaient les erreurs de calcul.

Chaque jour, il avait occasion de voir des légionnaires

pauvres, des veuves délaissées sans moyens d'existence. Son ingénieuse charité les devinait même avant toute demande. Souvent il leur faisait croire que ses bienfaits venaient de fonds publics destinés à cet emploi.

Lorsque l'erreur n'eut pas été possible, il trouvait moyen de cacher la main qui donnait.

Un fonctionnaire d'un ordre supérieur, placé à sa recommandation, ayant été ruiné par de fausses spéculations et obligé d'abandonner sa famille, Lacépède fit tenir régulièrement à sa femme, cinq cents francs par mois, jusqu'à ce que son fils fût en âge d'obtenir une place, et cette dame a toujours cru qu'elle recevait cet argent de son mari. Ce n'est que par l'homme de confiance, employé à cette bonne œuvre, que l'on en a appris le secret.

Un de ses employés dépérissait à vue d'œil : il soupçonne que le mal vient de quelque chagrin, et il charge son médecin d'en découvrir le sujet ; il apprend que ce jeune homme éprouve un embarras d'argent insurmontable, et aussitôt il lui envoie dix mille francs. L'employé accourt, les larmes aux yeux, et le prie de lui fixer les termes du remboursement. « *Mon ami, je ne prête jamais,* » fut la seule réponse qu'il pût obtenir.

Je n'ai pas besoin de dire qu'avec de tels sentiments il n'était accessible à rien d'étranger à ses devoirs. Ayant été chargé à Paris d'une négociation importante, à laquelle le favori trop fameux d'un roi voisin prenait un grand intérêt, ce personnage, pour l'essayer en quelque sorte, lui envoya un présent de riches productions minérales, et entre autres, une pépite d'or, venue récemment du Pérou et de la plus grande beauté. Lacépède s'empressa de le remercier, mais au nom du Muséum d'histoire naturelle où il avait pensé, disait-il, que s'adressaient ces marques de la générosité du donateur. On ne fit point de seconde tentative.

Ce qui rendait ce désintéressement conciliable avec sa

grande générosité, c'est qu'il n'avait pas de besoins person-
nels. Hors ce que la représentation de sa place exigeait, il ne
faisait aucune dépense. Il ne possédait qu'un habit à la fois,
et on le taillait dans la même pièce de drap tant qu'elle durait.
Il mettait cet habit en se levant et ne faisait jamais deux
toilettes.

Sa nourriture n'était pas moins simple que sa mise. Depuis
l'âge de dix-sept ans, il n'avait pas bu de vin ; un seul repas,
et assez léger, lui suffisait. Mais ce qu'il y avait de plus surprenant, c'était son peu de sommeil : il ne dormait que deux ou
trois heures ; le reste de la nuit était employé à composer. Sa
mémoire retenait fidèlement toutes les phrases, tous les mots,
et, vers le matin, il les dictait à son secrétaire. Il assurait
pouvoir retenir ainsi des volumes entiers, y changer dans sa
tête ce qu'il jugeait à propos, et se souvenir du texte ainsi
corrigé tout aussi exactement que du texte primitif.

C'est ainsi que, le jour, il était libre pour les affaires et pour
les devoirs de ses places ou de la société, et surtout pour
se livrer à ses affections de famille ; car une vie extérieure si
éclatante n'était rien pour lui auprès du bonheur domestique.

C'est dans son intérieur qu'il cherchait le dédommagement
de ses fatigues, mais c'est là aussi qu'il trouva les peines les
plus cruelles. Sa femme, qu'il adorait, passa les dix-huit
derniers mois de sa vie dans des souffrances non interrompues ;
il ne quitta pas le chevet de son lit, la consolant, la soignant
jusqu'au dernier moment. Il a écrit auprès d'elle une partie
de son *Histoire des poissons*, et sa douleur s'exhale en
plusieurs endroits de cet ouvrage, dans les termes les plus touchants. Un fils, qu'elle avait eu d'un premier mariage et que
Lacépède avait adopté, une belle-fille pleine de talents et de
grâces formaient encore pour lui une société douce ; cette jeune
femme périt d'une mort subite.

Au milieu de ces nouvelles douleurs, Lacépède fut frappé
de la petite vérole, dont une longue expérience lui avait fait

croire qu'il était exempt. Dans cette dernière maladie, presque la seule qu'il ait eue pendant une vie de soixante-dix ans, il a montré mieux que jamais combien cette douceur, cette politesse inaltérable qui le caractérisaient, tenaient essentiellement à sa nature. Rien ne changea dans ses habitudes, ni ses vêtements, ni l'heure de son lever ou de son coucher ; pas un mot ne lui échappa qui pût laisser apercevoir à ceux qui l'entouraient un danger qu'il connut cependant dès le premier moment : « Je vais rejoindre Buffon, » dit-il ; mais il ne le dit qu'à son médecin.

C'est à ses funérailles surtout, dans ce concours de malheureux qui venaient pleurer sur sa tombe, que l'on put apprendre à quel degré il portait la bienfaisance ; on le comprit encore mieux quand on sut qu'après avoir occupé des places si éminentes, après avoir joui pendant dix ans de la faveur de l'arbitre de l'Europe, il ne laissait pas, à beaucoup près, une fortune aussi considérable que celle qu'il avait héritée de ses pères.

Il mourut le 6 octobre 1825 (1).

(1) Cuvier : *Eloge lu à l'Académie des sciences*, *le 5 juin 1826.*

DISCOURS

SUR LA NATURE DES POISSONS

I

Le génie de Buffon, planant au-dessus du globe, a compté, décrit, nommé les quadrupèdes vivipares et les oiseaux ; il a laissé de leurs mœurs d'admirables images. Choisi par lui pour placer quelques nouveaux dessins à la suite de ses grands tableaux de la nature, j'ai d'abord tâché d'exposer le nombre, les formes et les habitudes des quadrupèdes ovipares et des serpents.

Essayons maintenant de terminer l'histoire des êtres vivants et sensibles, connus sous le nom d'animaux à sang rouge, en présentant celle de l'immense classe des poissons.

Nous allons avoir sous les yeux les êtres les plus dignes de l'attention du physicien. Que l'imagination, éclairée par le flambeau de la science, rassemble, en effet, tous les produits organisés de la puissance créatrice ; qu'elle les réunisse suivant l'ordre de leurs ressemblances, qu'elle en compose cet ensemble si vaste dans lequel, depuis l'homme jusqu'à la plante la plus voisine de la matière brute, toutes les diversités de forme, tous les degrés de composition, toutes les combinaisons de force, toutes les nuances de la vie, se succèdent dans un si

grand nombre de directions différentes et par des décroisse-
ments si insensibles.

C'est vers le milieu de ce système merveilleux d'innombrables dégradations que se trouvent réunies les différentes
familles de poissons dont nous allons nous occuper. Elles sont
les liens remarquables par lesquels les animaux les plus parfaits ne forment qu'un tout avec ces légions si multipliées
d'insectes, de vers et d'autres animaux peu composés, et avec
les tribus non moins nombreuses de végétaux plus simples
encore. Elles participent de l'organisation, des propriétés, des
facultés de tous; elles sont comme le centre où aboutissent
tous les rayons de la sphère qui composent la nature vivante';
et, montrant avec tout ce qui les entoure des rapports plus
marqués, plus distincts, plus éclatants, parce qu'elles en sont
plus rapprochées, elles reçoivent et réfléchissent bien plus
fortement, pour le génie qui observe, cette vive lumière que
la comparaison seule fait jaillir et sans laquelle les objets
seraient pour l'intelligence la plus active comme s'ils n'exis-
taient pas.

Au sommet de cet assemblage admirable est placé l'homme,
le chef-d'œuvre de la création. Si la philosophie, toujours
empressée de l'examiner et de le connaître, cherche les rapports les plus propres à éclairer l'objet de sa plus constante
prédilection, où devra-t-elle aller les étudier, sinon dans les
êtres qui présentent assez de ressemblances et assez de
différences pour faire naître, sur un grand nombre de points,
des comparaisons utiles. On ne peut comparer, en effet, ni ce
qui est semblable en tout, ni ce qui diffère en tout; mais c'est
lorsque la somme des ressemblances est égale à celle des
différences, que l'examen des rapports est le plus fécond
en vérités.

C'est donc vers le centre de cet ensemble d'espèces organi-
sées et dont l'espèce humaine occupe le faîte qu'il faut chercher les êtres avec lesquels on peut la comparer avec le plus

6. Carpe. — 7. Brême. — 8. Gardon. — 9. Mulet. — 10. Ecrevisse. — 11. Goujon. — 12. Truite saumonée. —

Poissons d'eau douce.

1. Barbeau. — 2. Perche. — 3. Truite. — 4. Saumon. — 5. Tanche. —

d'avantage; or, c'est vers le même centre que sont groupés
les êtres sensibles dont nous allons donner l'histoire.

Mais, de cette hauteur d'où nous venons de considérer
l'ordre dans lequel sont distribués tous les êtres animés, portons un instant nos regards vers le grand et heureux produit de
l'intelligence humaine : si nous jetons les yeux sur l'homme
réuni en société ; si nous cherchons à connaître les nouveaux
rapports que cet état de la plus noble des espèces lui donne
avec les êtres vivants qui l'environnent; si nous voulons savoir
ce que l'art, qui n'est que la nature réagissant sur elle-même
par la force du génie de celui qui en est le roi, peut introduire
de nouveau dans les relations qui lient l'homme civilisé avec
tous les animaux, nous ne trouverons aucune classe de ces êtres
vivants plus dignes de nos soins et de notre examen que celle
des poissons.

Diversité de familles, grand nombre d'espèces, prodigieuse
fécondité des individus, facile multiplication sous tous les climats, utilité variée de toutes les parties, dans quelle classe
rencontrerions-nous et tous ces titres à l'attention, et une
nourriture plus abondante pour l'homme, et une ressource
moins destructive des autres ressources, et une matière plus
réclamée par l'industrie, et des préparations plus répandues
par le commerce?

Quels sont les animaux dont la recherche peut employer
utilement tant de bras, accoutumer de si bonne heure à braver
la violence des tempêtes, produire tant d'habiles et intrépides
navigateurs, et créer ainsi pour une grande nation les éléments
de sa force pendant la guerre et de sa prospérité pendant la paix.

Quels motifs pour étudier l'histoire de ces remarquables et
nombreux habitants des eaux !

Transportons-nous donc sur les rivages des mers, sur les
bords du principal empire de ces animaux trop peu connus
encore. Choisissons, pour les mieux voir, pour mieux observer
leurs mouvements, pour mieux juger de leurs habitudes, ces

pays pour ainsi dire privilégiés, où une température plus douce, où la réunion de plusieurs mers, où le voisinage des grands fleuves, où une sorte de mélange des eaux douces et des eaux salées, où des abris plus commodes, où des aliments plus convenables ou plus multipliés attirent un plus grand nombre de poissons; mais plutôt ne nous contentons pas de considérations trop limitées, d'un spectacle trop resserré; n'oublions pas que nous devons présenter des résultats généraux, nés de la réunion de toutes les observations particulières.

Elevons-nous donc par la pensée assez haut au-dessus de toutes les mers, pour en saisir plus facilement l'ensemble, pour en apercevoir à la fois un plus grand nombre d'habitants; voyons le globe, tournant sous nos pieds, nous présenter successivement toute sa surface inondée, nous montrer les êtres à sang rouge qui vivent au milieu du fluide aqueux qui l'environne; et pour qu'aucun de ces êtres n'échappe, en quelque sorte, à notre examen, pénétrons ensuite jusque dans les profondeurs de l'Océan, parcourons ses abîmes, et suivons, jusque dans ses retraites les plus obscures, les animaux que nous voulons soumettre à notre examen.

Mais, si nous ne craignions pas de demander trop d'audace, nous dirions : ce n'est pas assez de nous étendre dans l'espace; il faut remonter dans le temps; il faut de plus nous transporter à l'origine des êtres; il faut voir ce qu'ont été dans les âges antérieurs les espèces, les familles que nous allons décrire; il faut juger de cet état primordial par les vestiges qui en restent, par les monuments contemporains qui sont encore debout; il faut montrer les changements successifs par lesquels ont passé toutes les formes, tous les organes, toutes les forces que nous allons comparer; il faut annoncer ceux qui les attendent encore.

La nature, en effet, immense dans sa durée comme dans son étendue, ne se compose-t-elle pas de tous les moments de l'existence comme de tous les points de l'espace qui renferment ses produits !

Dirigeons donc notre vue vers ce fluide qui couvre une si grande partie de la terre : le spectacle sera, si je puis parler ainsi, nouveau pour le naturaliste qui n'aura encore choisi pour objet de ses méditations que les animaux qui vivent sur la surface sèche du globe ou qui s'élèvent dans l'atmosphère.

II

Deux fluides sont les seuls dans le sein desquels il ait été permis aux êtres organisés de vivre, de croître et de se reproduire : celui qui compose l'atmosphère et celui qui remplit les mers et les rivières.

Les quadrupèdes, les oiseaux, les reptiles ne peuvent conserver leur vie que par le moyen du premier ; le second est nécessaire à tous les genres de poissons. Mais il y a bien plus d'analogie, bien plus de rapports conservateurs entre l'eau et les poissons qu'entre l'air et les oiseaux ou les quadrupèdes. Combien de fois dans cette histoire ne serons-nous pas convaincus de cette vérité ! Et voilà pourquoi, indépendamment de toute autre cause, les poissons sont, de tous les animaux à sang rouge, ceux qui présentent dans leurs espèces le plus grand nombre d'individus, dans leurs couleurs l'éclat le plus vif, et dans leur vie la plus longue durée.

Fécondité, beauté, existence très prolongée, tels sont les trois attributs remarquables des principaux habitants des eaux ; aussi l'ancienne mythologie grecque, peut-être plus éclairée qu'on ne l'a pensé sur les principes de ses inventions et toujours si riante dans ses images, a-t-elle placé au milieu des eaux le berceau de la déesse de la beauté, et l'a-t-elle représentée sortant du sein des ondes au milieu des poissons resplendissants d'or et d'azur qu'elle lui avait consacrés.

Et que l'on ne soit pas étonné de cette allégorie instructive autant que gracieuse. Il paraît que les anciens Grecs avaient observé les poissons beaucoup plus qu'ils n'avaient étudié les autres animaux ; ils les connaissaient mieux ; ils les préféraient même pour leurs tables à la plupart des oiseaux les plus recherchés.

Ils ont transmis cet examen de choix, cette connaissance particulière et cette sorte de prédilection, non seulement aux Grecs modernes, qui les ont conservés longtemps, mais encore aux Romains chez lesquels on les remarquait lors même que la servitude la plus dure, la plus grande corruption et le luxe le plus insensé pesaient sur la tête dégradée du peuple qui avait conquis le monde. Eux-mêmes devaient les avoir reçus des antiques nations de l'Orient, parmi lesquelles ils subsistent encore. La proximité de plusieurs côtes et la nature des mers qui baignent leurs rivages les leur auraient d'ailleurs inspirés, et on dirait que ces goûts, plus liés qu'on ne le croirait avec les progrès de la civilisation, n'ont entièrement disparu, en Europe et en Asie, que dans ces contrées malheureuses où les hordes barbares de sauvages chasseurs, sortis des forêts septentrionales, purent dompter, par le nombre en même temps que par la force, les habitudes, les idées et les affections des vaincus.

Mais en contemplant tout l'espace occupé par ce fluide au milieu duquel se meuvent les poissons, quelle étendue nos regards n'ont-ils pas à parcourir? Quelle immensité depuis l'équateur jusqu'aux deux pôles de la terre, depuis la surface de l'Océan jusqu'à ses plus grandes profondeurs! Et indépendamment des vastes mers, combien de fleuves, de rivières, de ruisseaux, de fontaines et, d'un autre côté, de lacs, d'étangs, de viviers, de marais, de mares même, renferment une quantité plus ou moins considérable des animaux que nous voulons examiner.

Tous ces lacs, tous ces fleuves, toutes ces rivières, réunis
à l'antique Océan, comme autant de parties d'un même tout,
présentent autour du globe une surface bien plus étendue que
les continents qu'ils arrosent, et déjà bien plus connue que ces
mêmes continents dont l'intérieur n'a répondu à la voix d'aucun
observateur, pendant que des vaisseaux, conduits par le génie
et le courage, ont sillonné toutes les plaines des mers, non
envahies par les glaces polaires.

Hippocampes.

De tous les animaux à sang rouge, les poissons sont donc
ceux dont le domaine est le moins circonscrit. Mais que cette
immensité, bien loin d'effrayer notre imagination, l'anime et
l'encourage. Et qui peut le mieux élever nos pensées, vivifier
notre intelligence, rendre le génie attentif et le tenir dans cette
sorte de contemplation religieuse, si propre à l'intuition de la
vérité, que le spectacle si grand et si varié que présente le
système des innombrables habitations des poissons.

D'un côté, des mers sans bornes et immobiles dans un calme profond ; de l'autre, des ondes livrées à toutes les agitations des courants et des marées : ici, les rayons ardents du soleil réfléchis sous toutes les couleurs par les eaux enflammées des mers équatoriales ; là, des brumes épaisses reposant silencieusement sur des monts de glaces flottantes au milieu des longues nuits hyperboréennes : tantôt la mer tranquille doublant le nombre des étoiles pendant des nuits plus douces et sous un ciel plus serein ; tantôt des nuages amoncelés, précédés par de noires ténèbres, précipités par la tempête et lançant leurs foudres redoublés contre les énormes montagnes d'eau soulevées par les vents ; plus loin, et sur les continents, des torrents furieux roulant de cataractes en cataractes ; ou l'eau limpide d'une rivière argentée amenée mollement, le long d'un rivage fleuri, vers un lac paisible que la lune éclaire de sa lumière blanchâtre.

Sur les mers, grandeur, force, beautés sublimes, tout annonce la puissance créatrice ; tout la montre manifestant sa gloire et sa magnificence ; sur les bords enchanteurs des lacs et des rivières, la nature créée se fait sentir avec ses charmes les plus doux ; l'âme s'émeut, l'espérance l'échauffe, le souvenir l'anime par de tendres regrets et la livre à cette affection si touchante et toujours favorable aux heureuses inspirations....

Ce domaine, dont les bornes sont si reculées, n'a cependant été accordé qu'aux poissons, considérés comme ne formant qu'une seule classe. Si on les examine, groupes par groupes, on verra que presque toutes les familles, parmi ces animaux, paraissent préférer chacune un espace particulier plus ou moins étendu. Au premier coup d'œil, on ne voit pas aisément comment les eaux peuvent présenter assez de diversité pour que les différents genres, et quelquefois les différentes espèces de poissons, soient retenus, par une sorte d'attrait particulier, dans une place plutôt que dans une autre. Que l'on considère cependant que l'eau des mers, quoique bien moins inégalement échauffée aux différentes latitudes que l'air de l'atmosphère, offre des températures très variées, surtout auprès des rivages qui la bordent et dont les uns, brûlés par un soleil très voisin, réfléchissent

Epinoches et leur nid.

une chaleur ardente, pendant que d'autres sont tout couverts de neiges, de frimats et de glaces ; que l'on se souvienne que les fleuves et les grandes rivières sont soumis à de bien plus

grandes inégalités de chaleur et de froid ; que l'on apprenne
qu'il est de vastes réservoirs naturels auprès des sommets des
plus hautes montagnes et à plus de deux mille mètres au-dessus du niveau de la mer, où des poissons remontent par les
rivières qui en découlent et où ces mêmes animaux vivent, se
multiplient et prospèrent ; que l'on pense que les eaux de
presque tous les lacs, des rivières et des fleuves sont très
douces et légères, et celles des mers, salées et pesantes. Que
l'on ajoute, en ne faisant plus attention à cette division de
l'Océan et des fleuves, que les unes sont claires et limpides
pendant que les autres sont sales et limoneuses ; que celles-ci
sont entièrement calmes, tranquilles et pour ainsi dire immobiles, tandis que celles-là sont agitées par des courants, boule-
versées par des marées, précipitées en cascades, lancées en
torrents, soulevées en trombes furieuses ou du moins entraî-
nées avec des vitesses plus ou moins rapides et plus ou moins
constantes. Que l'on évalue ensuite tous les degrés que l'on peut
compter dans la rapidité, dans la pureté, dans la douceur et
dans la chaleur des eaux ; alors, accablé sous le nombre infini
de produits que peuvent donner toutes les combinaisons dont
ces quatre séries de nuances sont susceptibles, on ne deman-
dera plus comment les mers et les continents peuvent fournir
aux poissons des habitations très variées, et un très grand
nombre de séjours agréables.

.... Mais ne descendons pas encore vers les espèces particulières des animaux que nous voulons connaître ; ne remarquons même pas encore les différents groupes dans lesquels
nous les distribuerons ; ne les voyons pas divisés en plusieurs
familles, placés dans divers ordres. Continuons de jeter les yeux
sur la classe entière ; exposons la forme générale qui lui appartient, et auparavant voyons quelle est son essence, et détermi-
nons les caractères qui la distinguent de toutes les autres classes
d'êtres vivants.

On s'apercevra aisément, en parcourant cette histoire, qu'il

ne faut pas, avec quelques naturalistes, faire consister le caractère distinctif de la classe des poissons dans la présence
d'écailles plus ou moins nombreuses, ni même dans celle de
nageoires plus ou moins étendues, puisque nous verrons de
véritables poissons paraître n'être absolument revêtus d'aucune

Navire enveloppé par le maëlstrom.

écaille, et d'autres être entièrement dénués de nageoires. Il ne
faut pas non plus chercher cette marque caractéristique dans la
forme des organes de la circulation, que nous trouverons chez
quelques poissons semblables à ceux que nous avons observés
dans d'autres classes que celles de ces derniers animaux. Nous
nous sommes assurés d'un autre côté, par un très grand

nombre de recherches et d'examens, qu'il était impossible d'indiquer un moyen facile à saisir, invariable, propre à tous les individus et applicable à toutes les époques de leur vie, de séparer la classe des poissons des autres êtres organisés, en n'employant qu'un signe unique, en n'ayant recours, en quelque sorte, qu'à un point de la conformation de ces animaux.

Mais voici la marque constante, et des plus aisées à distinguer, que l'on trouve empreinte sur tous les véritables poissons; voici pour ainsi dire le sceau de leur essence. La rougeur plus ou moins vive du sang des poissons empêche, dans tous les temps et dans tous les lieux, de les confondre avec les insectes, les vers et tous les êtres vivants auxquels le nom d'animaux à sang blanc a été donné. Il ne faut donc plus réunir à ce caractère qu'un autre signe aussi sensible, aussi permanent, d'après lequel on puisse, dans toutes les circonstances, tracer d'une main sûre une ligne de démarcation entre les objets actuels de notre étude, et les reptiles, les quadrupèdes ovipares, les oiseaux, les quadrupèdes vivipares et l'homme, qui tous ont reçu un sang plus ou moins rouge comme les poissons.

Il faut surtout que cette seconde remarque caractéristique sépare ces derniers d'avec les cétacés, que l'on a si souvent confondus avec eux, et qui, néanmoins, sont compris parmi les animaux à mamelles, au milieu ou à la suite des animaux vivipares auxquels ils sont réunis par les liens les plus étroits.

Or, l'homme, les animaux à mamelles, les oiseaux, les quadrupèdes ovipares, les serpents ne peuvent vivre, au moins pendant longtemps, qu'au milieu de l'air de l'atmosphère, et ne respirent que par de véritables poumons, tandis que les poissons ont un organe respiratoire auquel le nom de *branchies* a été donné, dont la forme et la nature sont très différentes de celles des poumons, et qui ne peuvent servir, au moins longtemps, que dans l'eau, à entretenir la vie de l'animal.

Nous ne donnerons donc le nom de poissons qu'aux êtres organisés qui ont le sang rouge et respirent par des branchies.

Otez-leur un de ces deux caractères, et vous n'aurez plus un
poisson sous les yeux. Privez-les par exemple de sang rouge,
et vous pourrez considérer un sépié ou quelque autre espèce
de ver à laquelle des branchies ont été données. Rendez-leur

ce sang coloré, mais remplacez leurs branchies par des poumons,
et, quelque habitude de vivre au milieu des eaux que vous présentent alors les objets de votre examen, vous pourrez les
reléguer parmi les phoques, les lamantins ou les cétacés ; mais

vous ne pourrez, en aucune manière, les inscrire parmi les
animaux auxquels cette histoire est consacrée.

III

Le poisson est donc un animal dont le sang est rouge, et qui
respire au milieu de l'eau par le moyen de branchies.

Tout le monde connaît sa forme générale ; tout le monde sait
qu'elle est le plus souvent allongée, et que l'on distingue l'ensemble de son corps en trois parties, la tête, le corps proprement dit, et la queue.

Parmi les parties extérieures qu'il peut présenter, il en est
que nous devons, en ce moment, considérer avec le plus
d'attention, soit parce qu'on les voit sur presque tous les animaux de la classe qui nous occupe, soit parce qu'on ne les
trouve que sur un très petit nombre d'autres êtres vivants
et à sang rouge, soit enfin parce que, de leur présence
et de leur forme, dépendent beaucoup la rapidité des mouvements, la force de la natation et la direction de la route du
poisson : ces parties remarquables sont les nageoires.

On ne doit, à la rigueur, donner ce nom de *nageoires* qu'à
des organes composés d'une membrane plus ou moins large,
haute et épaisse, et soutenue par de petits cylindres plus ou
moins mobiles, plus ou moins nombreux et auxquels on a attaché le nom de rayons, parce qu'ils paraissent quelquefois disposés comme des rayons autour d'un centre. Cependant il est
des espèces de poissons sur lesquelles des rayons sans membranes, ou des membranes sans rayons, ont reçu avec raison et,
par conséquent, doivent conserver la dénomination de nageoires, à cause de leur position sur l'animal et de l'usage que
ce dernier peut en faire.

Mais cês rayons peuvent être de différente nature ; les uns sont durs et osseux, les autres sont flexibles et ont presque tous les caractères de véritables cartillages.

Examinons les rayons que l'on a désignés par le nom d'osseux.

Il faut les distinguer en deux sortes. Plusieurs sont solides, allongés, un peu coniques, terminés par une pointe piquante. Ils semblent formés d'une seule pièce. Leur structure, si peu composée, nous a déterminés à les appeler *rayons simples*, en leur conservant cependant le nom d'*aiguillons*, qui leur a été

Char.

donné par plusieurs naturalistes à cause de leur terminaison en un piquant fort et délié.

Les autres rayons osseux, au lieu d'êtres si simples dans leur construction, sont composés de plusieurs petites pièces, placées les unes au-dessus des autres ; ils sont véritablement *articulés*, et nous les nommerons ainsi.

Ces petites pièces sont de petits cylindres assez courts qui ressemblent, en miniature, à ces tronçons de colonnes que l'on nomme *tambours*, et dont on se sert pour construire les hautes colonnes des vastes édifices.

Non seulement les rayons articulés présentent une suite plus ou moins allongée de ces tronçons ou petits cylindres, mais à mesure que l'on considère une portion de ces rayons plus éloignée du corps de l'animal, ou, ce qui est la même chose, de la base de la nageoire, on les voit se diviser en deux ; chacune de ces deux branches se sépare en deux branches plus petites, lesquelles forment ainsi chacune deux rameaux, et cette sorte de division, de ramification et d'épanouissement, qui pour tous les rayons se fait dans le même plan et représente comme un éventail, s'étend quelquefois à un bien plus grand nombre de séparations et de bifurcations successives.

Ces articulations, qui constituent l'essence d'un très grand nombre de rayons osseux, se retrouvent et se montrent de la même manière dans les cartilagineux ; mais pour en bien voir les dispositions, il faut regarder ces rayons contre le jour, à cause d'une espèce de couche de nature cartilagineuse et transparente dans laquelle ils sont enveloppés.

Au reste, tous les rayons, tant osseux que cartilagineux, tant simples qu'articulés, sont plus ou moins transparents, excepté quelques rayons osseux simples et très forts que nous remarquerons sur quelques espèces de poissons et qui sont le plus souvent entièrement opaques.

Nous avons déjà dit qu'il y avait des poissons dénués de nageoires ; les autres en présentent un nombre plus ou moins grand, suivant le genre dont ils font partie ou l'espèce à laquelle ils appartiennent. Les uns en ont une de chaque côté de la poitrine, et d'autres, à la vérité très peu nombreux, ne montrent pas ces nageoires pectorales qui ne paraissent jamais qu'au nombre de deux, et que l'on a comparées, à cause de leur position et de leurs usages, aux extrémités antérieures de plusieurs animaux, aux bras de l'homme, aux pattes de devant des quadrupèdes, aux ailes des oiseaux.

Plusieurs groupes de poissons n'ont aucune nageoire au-dessous de leur corps proprement dit ; les autres en ont, au contraire, une ou deux situées ou sous la gorge, ou sous la poitrine, ou sous le ventre. Ce sont ces nageoires inférieures que l'on a considérées comme les analogues des pieds de l'homme ou des pattes de derrière des quadrupèdes.

On voit quelquefois la partie supérieure du corps ou de la

Pangolin et Phatagin.

queue des poissons absolument sans nageoires ; d'autres fois, on compte une, ou deux, ou trois nageoires dorsales ; l'extrémité de la queue peut montrer une nageoire plus ou moins étendue ou n'en présenter aucune ; et enfin, le dessous de la queue peut être dénué ou garni d'une ou deux nageoires.

Un poisson peut donc avoir depuis une jusqu'à dix nageoires ou organes de mouvements extérieurs plus ou moins puissants.

Pour achever de donner une idée nette de la forme extérieure des poissons, nous devons ajouter que ces animaux sont recouverts d'une peau qui, généralement, couvre toute leur surface. Cette peau est molle et visqueuse, et quelque épaisseur qu'elle puisse avoir, elle est d'autant plus flexible et d'autant plus enduite d'une matière gluante qui la pénètre profondément, qu'elle paraît soutenir moins d'écailles, ou être garnie d'écailles plus petites.

Ces dernières productions ne sont pas particulières aux poissons. Le pangolin et le phatagin, parmi les quadrupèdes à mamelles, presque tous les quadrupèdes ovipares et presque tous les serpents en sont revêtus ; et cette sorte de tégument établit un rapport d'autant plus remarquable entre les classes des poissons et le plus grand nombre des autres animaux à sang rouge, que presque aucune espèce de poisson n'en est vraisemblablement dépourvue.

A la vérité, il est quelques espèces, parmi les objets de notre examen, sur lesquelles l'attention la plus soutenue, l'œil le plus exercé et même le microscope ne peuvent faire distinguer aucune écaille pendant que l'animal est en vie, et que sa peau est encore imbibée de cette mucosité gluante, qui est plus ou moins abondante sur tous les poissons ; mais lorsque l'animal est mort et que sa peau a été naturellement ou artificiellement desséchée, il n'est peut-être aucune espèce de poisson de laquelle on ne puisse avec un peu de soin détacher de très petites écailles qui se sépareraient comme une poussière brillante et tomberaient comme un amas de très petites lames dures, diaphanes et éclatantes. Au reste, nous avons plusieurs fois et sur plusieurs poissons, que l'on aurait pu regarder comme absolument sans écailles, répété avec succès ce procédé qui même, dans plusieurs contrées, est employé dans des arts très répandus.

La forme des écailles du poisson est très diversifiée. Quelquefois la matière qui la compose s'étend en pointe et se façonne en aiguillon ; d'autres fois elle se tuméfie en quelque sorte, se conglomère et se durcit en callosités, ou s'élève en gros tubercules ; mais le plus souvent elle s'étend en lames unies ou relevées par une crête. Ces lames, qui portent avec raison le nom d'écailles proprement dites, sont ou rondes, ou ovales, ou hexagones ; une partie de leur circonférence est quelquefois finement dentelée. Sur quelques espèces, elles sont clairsemées et très séparées ; sur d'autres, elles se touchent ; sur d'autres encore, elles se recouvrent comme les ardoises placées sur nos toits. Elles communiquent au corps de l'animal par de petits vaisseaux dont nous montrerons bientôt l'usage ; mais d'ailleurs, elles sont rattachées à la peau par une partie plus ou moins grande de leur contour.

Remarquons un rapport bien digne d'être observé : sur un grand nombre de poissons qui vivent dans la haute mer, et qui, ne s'approchant que rarement du rivage, ne sont exposés qu'à des frottements passagers, les écailles sont retenues par une moindre portion de leur circonférence ; elles sont plus attachées et recouvertes en partie par l'épiderme dans plusieurs des poissons qui fréquentent les côtes et que l'on a nommés *littoraux ;* et elles sont plus attachées encore et recouvertes en entier par ce même épiderme, dans presque tous ceux qui habitent dans la vase et s'y creusent des asiles assez profonds.

Réunissez à ces écailles, les callosités, les tubercules, les aiguillons dont les poissons sont hérissés ; réunissez-y surtout des espèces de boucliers solides et de croûtes osseuses sous lesquelles ces animaux ont souvent une portion considérable de leur corps à l'abri, et qui les rapprochent, par de nouvelles conformités, de la famille des tortues, et vous aurez sous les yeux les différentes ressources que la nature a accordées aux poissons pour les défendre contre leurs nombreux ennemis, les diverses armes qui les protègent contre les poursuites multipliées auxquelles ils sont exposés.

Mais ils n'ont pas reçu uniquement la conformation qui leur était nécessaire, pour se garantir des dangers qui les menacent; il leur a été départi, comme de vrais moyens d'attaque, de véritables armes offensives, armes souvent même d'autant plus redoutables pour l'homme et les plus favorisés des animaux, qu'elles peuvent être réunies à un corps d'un très grand volume et mises en mouvement par une grande puissance.

Parmi ces armes dangereuses, jetons d'abord les yeux sur les dents des poissons.

En général fortes et nombreuses, elles présentent plusieurs formes. Les unes sont un peu coniques ou comprimées, allongées, cependant pointues, quelquefois dentelées sur leurs bords et souvent recourbées; les autres sont comprimées à leur extrémité par une lame tranchante; d'autres enfin sont presque demi-sphériques ou même presque complètement aplaties contre leur base. C'est de leurs différentes formes et non pas de leur position ou de leur insertion dans la mâchoire , qu'il faut tirer les divers noms qu'on peut donner aux dents des poissons, et que l'on doit conclure les usages auxquels elles peuvent servir.

Nous nommerons en conséquence *dents molaires* celles qui, étant demi-sphériques ou très aplaties, peuvent facilement concasser, écraser, broyer les corps sur lesquels elles agissent; nous donnerons le nom d'*incisives* aux dents comprimées, dont le côté opposé aux racines présente une sorte de lame avec laquelle l'animal peut aisément couper, trancher et diviser, comme l'homme et plusieurs quadrupèdes vivipares coupent, tranchent et divisent avec leurs dents de devant; enfin nous emploierons la dénomination de *laniaires* pour celles qui, allongées, pointues et souvent recourbées, accrochent, retiennent et déchirent la proie de l'animal.

Ces dernières sont celles que l'on voit le plus fréquemment
dans la bouche des poissons. Il n'y a même qu'un très petit
nombre d'espèces qui en présentent de molaires ou d'incisives.

Au reste, ces trois sortes de dents sont revêtues d'un émail
assez épais dans presque tous les poissons ; elles diffèrent peu

Coffre (*ostracion*).

d'ailleurs les unes des autres par la forme de leurs racines et
par leur structure intérieure, qui, en général, est plus simple
que celle des dents de quadrupèdes mammifères.

Dans les laniaires, par exemple, cette structure ne présente
souvent qu'une suite de cônes plus ou moins réguliers,
emboîtés les uns dans les autres, et dont le plus intérieur ren-

ferme une grande cavité, au moins dans les dents qui doivent être remplacées par des dents nouvelles, et que ces dernières, logées dans cette même cavité, poussent en se développant.

Mais ces trois sortes de dents peuvent être distribuées dans plusieurs divisions, d'après la manière dont elles sont attachées et la place qu'elles occupent ; et, par là, elles sont encore plus distinctes de celles de presque tous les animaux à sang rouge.

D'un autre côté, les mâchoires des poissons ne sont pas les seules parties de leur bouche qui puissent être ornées de dents ; leur palais peut en être hérissé ; leur gosier peut aussi en être garni, et leur langue même, presque toujours attachée, dans la plus grande partie de sa circonférence, par une membrane qui la lie aux portions de la bouche les plus voisines, peut être plus adhérente encore à ces mêmes portions et montrer sur sa surface des rangs nombreux et serrés de dents fortes et acérées.

Ces dents, mobiles ou immobiles, de la langue, du gosier, du palais et des mâchoires ; ces instruments plus ou moins meurtriers peuvent exister séparément ou paraître plusieurs ensemble, ou être tous réunis dans le même poisson. Et toutes les combinaisons de leurs différents mélanges peuvent produire, et qu'il faut multiplier par tous les degrés de grandeur et de force, par toutes les formes intérieures et extérieures, par tous les nombres, ainsi que par toutes les rangées que ces mélanges peuvent présenter, ne doivent-elles pas produire une très grande variété parmi les moyens d'attaque accordés aux poissons?

Ces armes offensives, quelque multipliées et dangereuses qu'elles puissent être, ne sont pas cependant les seules que la nature leur ait données ; quelques-uns ont reçu des piquants longs, forts et mobiles, avec lesquels ils peuvent assaillir vivement et blesser profondément leurs ennemis ; et tous ont été pourvus d'une queue plus ou moins déliée, mue par des muscles puissants, et qui, lors même qu'elle est dénuée d'aiguillons et de rayons de nageoires, peut être assez rapidement agitée pour frapper une proie par des coups violents et redoublés.

Mais avant de chercher à peindre les habitudes remarquables des poissons, examinons encore un moment les premières causes des phénomènes que nous devrons exposer.... A la suite d'un gosier quelquefois armé de dents propres à retenir et déchirer une proie encore en vie, et assez extensible pour recevoir des aliments volumineux, le canal intestinal qui y prend son origine s'élargit et y reçoit le nom d'estomac.

Ce viscère, situé dans le sens de la longueur de l'animal, varie, dans les différentes espèces, par sa figure, sa grandeur, le nombre et la profondeur des plis que ses membranes forment. Il est même quelques poissons dans lesquels un étranglement très marqué le divise en deux portions assez distinctes pour qu'on ait dit qu'ils avaient deux estomacs, et il en est aussi dans lesquels cet organe, au lieu d'être membraneux, est véritablement musculeux.

L'estomac communique par une ouverture avec l'intestin proprement dit, lequel s'étend presque en droite ligne dans la plupart des poissons et particulièrement dans ceux dont le corps est très allongé ; il revient vers l'estomac et se replie ensuite de manière à présenter plusieurs circonvolutions.

On a fait plusieurs observations sur la manière dont s'opère la digestion dans ce tube intestinal ; on a particulièrement voulu savoir quel degré de température résultait de cette opération, et l'on s'est assuré qu'elle ne produisait aucune augmentation sensible de chaleur. Les aliments qui doivent subir, dans l'intérieur des poissons, les altérations nécessaires pour être changés d'abord en chyme et ensuite en chyle, ne sont donc soumis à aucun agent dont la force soit aidée par un surcroît de chaleur.

D'un autre côté, l'estomac du plus grand nombre de ces animaux est composé de membranes trop minces pour que la nourriture qu'ils avalent soit broyée, triturée et divisée au point d'être très décomposée ; il n'est donc pas surprenant que les sucs digestifs des poissons soient, en général, très abondants et très actifs. Aussi ont-ils, avec une rate, souvent triangulaire, quelquefois allongée, toujours d'une couleur obscure, et avec une vésicule de fiel assez grande, un foie très volumineux, tantôt simple et tantôt divisé en deux ou trois lobes, et qui dans quelques espèces est aussi long que l'abdomen.

Cette quantité et cette force de sucs digestifs sont surtout nécessaires dans les poissons qui ne présentent presque aucune sinuosité dans leur intestin, presque aucun appendice auprès du pylore, presque aucune dent dans leur gueule, et qui, ne pouvant ainsi ni couper, ni déchirer, ni concasser les substances alimentaires, ni compenser le peu de division de ces substances par un séjour plus long de ces mêmes matières nutritives dans un estomac garni de petits cœcums, ou dans un intestin très sinueux et par conséquent très prolongé, n'ont leurs aliments exposés aux sucs de la digestion que dans l'état et pendant le temps le moins propre aux altérations que ces aliments doivent éprouver.

Ce serait donc toujours en raison inverse du nombre des dents, des appendices de l'estomac et des circonvolutions de l'intestin que devrait être le volume du foie, si l'abondance des sucs digestifs ne pouvait être suppléée par une faculté particulière accordée à l'animal.

Par exemple, le brochet et les autres ésoces que l'on doit regarder comme les animaux de proie les plus funestes à un très grand nombre de poissons, et qui consomment une grande quantité d'aliments, n'ont cependant reçu ni appendice de l'estomac, ni intestin très contourné, ni foie des plus volumineux ; ils jouissent d'une faculté que l'on a depuis longtemps observée dans d'autres animaux rapaces, et surtout dans les oiseaux de proie les plus sanguinaires : ils peuvent rejeter très facilement par leur gueule les différentes substances qu'ils ne pourraient digérer qu'en les retenant très longtemps dans des appendices ou des intestins plusieurs fois repliés qui leur manquent, ou

en les attaquant par des sucs plus abondants ou plus puissants
que ceux qui leur ont été départis.

Nous n'avons pas besoin de dire que de l'organisation qui
donne ou qui refuse cette faculté de rejeter, de la quantité et
du pouvoir des sucs digestifs, de la forme et des sinuosités du
canal intestinal, dépendent peut-être autant que de la matière
des substances avalées par l'animal, la couleur et les autres
qualités des excréments des poissons....

Maintenant ne pourrait-on considérer un moment la totalité
du corps des poissons comme une sorte de long tuyau, aussi
uniforme dans sa cavité intérieure que dans ses parties

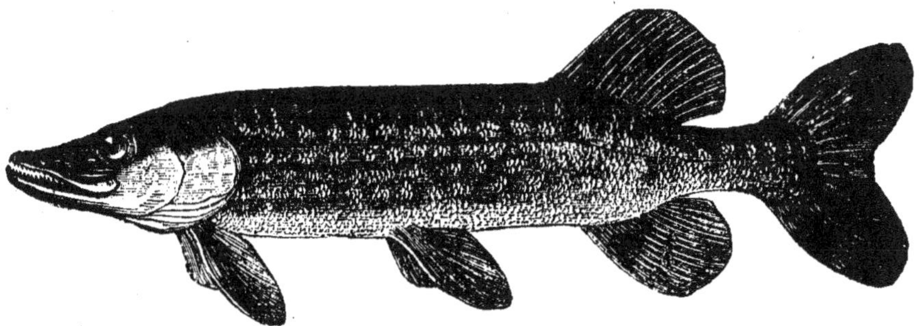

Brochet.

extérieures. Le canal intestinal dont les membranes se réunissent à ses deux extrémités avec les téguments de l'extérieur
du corps, représenteraient la cavité allongée et tortueuse de
cette espèce de tube.

Et que l'on ne pense pas que ce point de vue soit sans utilité.
Ne pourrait-il pas servir, en effet, à mettre dans une sorte
d'évidence ce grand rapport de conformation qui lie tous les
êtres animés ; ce modèle simple et unique d'après lequel l'existence des êtres vivants a été plus ou moins diversifiée ?

Et dans ce long tube dans lequel nous transformons pour
ainsi dire le corps du poisson, n'aperçoit-on pas à l'instant ces
longs tuyaux qui composent la plus grande partie de l'organi-

sation des animaux les plus simples, d'un grand nombre de polypes....

Nous avons jeté les yeux sur la conformation extérieure et sur la surface interne de ce·tube animé qui représente, un instant pour nous, le corps des poissons. Mais les parois de ce tube ont une épaisseur; c'est dans cette épaisseur qu'il faut pénétrer, c'est là qu'il faut chercher les sources de la vie.

Dans les poissons, comme dans les autres animaux, les véritables sucs nourriciers sont pompés au travers des pores dont les membranes de l'intestin sont criblées. Ce chyle est attiré et reçu par une portion de ce système de vaisseaux remarquables, disséminés dans toutes les parties de l'animal, liés par des glandes propres à élaborer le liquide substantiel qu'ils transmettent, et qui ont reçu le nom de vaisseaux lactés ou de vaisseaux lymphatiques, suivant leur position, ou, pour mieux dire, suivant la nature du liquide alimentaire qui les parcourt.

Les bornes de ce discours et les limites de ce travail ne nous permettent pas d'exposer dans tous ses détails l'ensemble de ces vaisseaux absorbants.... Nous ne pouvons pas montrer ces canaux sinueux qui pénètrent dans toutes les cavités; se répandent auprès de tous les organes; arrivent à un si grand nombre de points de la surface; sucent pour ainsi dire partout les fluides surabondants auxquels ils atteignent; se réunissent, se séparent, se divisent, font parvenir jusqu'aux glandes qu'ils paraissent composer par leurs circonvolutions, les sucs hétérogènes qu'ils ont aspirés; les y vivifient par de nouvelles combinaisons, les y élaborent par le temps, les portent enfin convenablement préparés jusqu'aux deux réceptables, et les poussent par un orifice garni de valvules jusque dans la veine cave, presque à l'endroit où ce conduit ramène vers le cœur le sang qui a servi à l'entretien des différentes parties du corps de l'animal. Nous pouvons dire seulement que cette organisation, cette distribution et ces effets si dignes de l'attention des physiologistes sont très analogues, dans les poissons, aux phénomêmes et aux conformations de ce genre que l'on remarque dans les autres animaux à sang rouge.

Les vaisseaux absorbants sont même plus sensibles dans les poissons; et c'est principalement aux observations dont ces organes ont été l'objet dans les animaux dont nous recherchons la nature, qu'il faut rapporter une grande partie des progrès que l'on a faits assez récemment (1) dans les connaissances des vaisseaux lymphatiques ou lactés et des glandes conglobées des autres animaux.

Le sang des poissons ne sort donc de la veine cave pour entrer dans le cœur, qu'après avoir reçu, des vaisseaux absorbants, différents sucs qui seuls peuvent donner à ce fluide la faculté de nourrir les diverses parties du corps qu'il arrose; mais il n'a pas encore acquis toutes les qualités qui lui sont nécessaires pour entretenir la vie. Il faut qu'il aille encore dans les organes respiratoires recevoir un des aliments essentiels de son essence. Quelle est cependant la route qu'il suit pour se distribuer ensuite dans les différentes parties du corps? Quelle est la composition de ces mêmes organes? Montrons rapidement ces deux grands objets.

Le cœur, principal instrument de la respiration, presque toujours contenu dans une membrane très mince que l'on nomme *péricarde*, et variant quelquefois dans sa figure, suivant l'espèce que l'on examine, ne renferme que deux cavités : un ventricule dont les parois sont très épaisses, ridées et souvent parsemées de petits trous, et une oreillette beaucoup plus grande, placée sur le devant de la partie gauche du ventricule avec lequel elle communique par un orifice garni de deux valvules.

C'est à cette oreillette qu'arrive le sang avant qu'il soit transmis au ventricule; et il y parvient par un ample réceptacle qui constitue véritablement la veine cave, ou du moins l'extrémité de cette veine que l'on a nommée *sinus veineux*,

(1) Vers la fin du xviiie siècle.

qui est placé à la partie postérieure de l'oreillette, et qui y aboutit par un trou au bord duquel deux valvules sont attachées.

Le sang, en sortant du ventricule, entre, par un orifice que deux valvules ouvrent et ferment, dans un sac artériel ou très grande cavité que l'on pourrait presque comparer à un second ventricule, qui se resserre lorsque le cœur se dilate, et s'épanouit, au contraire, lorsque le cœur est comprimé ; dont les pulsations peuvent être très sensibles, et qui, diminuant de diamètre, forme une véritable artère à laquelle le nom d'*aorte* a été appliqué. Cette artère est l'analogue de celle que l'on a nommée *pulmonaire* dans l'homme, dans les quadrupèdes à mamelles et dans d'autres animaux à sang rouge. Elle conduit, en effet, le sang aux branchies qui, dans les poissons, remplacent les poumons proprement dits ; et pour le répandre au milieu des diverses portions de ces branchies dans l'état de division nécessaire, elle se sépare d'abord en deux trous dont l'un va vers les branchies de droite et l'autre vers les branchies de gauche. L'un et l'autre de ces deux trous se partagent en autant de branches qu'il y a de branchies de chaque côté, et il n'est aucune de ces branchies qui n'envoie à chacune de ces lames que l'on voit dans une branchie, un rameau qui se divise très près de la surface de ces mêmes lames, en un très grand nombre de ramifications, dont les extrémités disparaissent à cause de leur ténuité.

Ces nombreuses ramifications correspondent à des ramifications analogues mais veineuses, qui, se réunissant successivement en rameaux et en branchies, portent le sang réparé et pour ainsi dire revivifié par les branchies, dans un trou unique, lequel, s'avançant vers la queue le long de l'épine du dos, fait les fonctions de la grande artère nommée *aorte descendante* dans l'homme et dans les quadrupèdes, et distribue, dans presque toutes les parties du corps, le fluide nécessaire à leur nutrition.

La veine qui part de la branchie la plus antérieure, ne se

réunit cependant avec celle qui tire son origine de la branchie
la plus veineuse, qu'après avoir conduit le sang vers le cerveau et les principaux organes des sens; mais il est bien plus
important encore d'observer que les veines qui prennent leur
naissance dans les branchies, non seulement transmettent le
sang qu'elles contiennent au vaisseau principal dont nous
venons de parler, mais encore qu'elles le déchargent dans un
autre trou qui se rend directement dans le réceptacle par
lequel la veine cave est formée ou terminée.

Ce second trou que nous venons d'indiquer doit être considéré comme représentant la veine pulmonaire, laquelle, ainsi
que tout le monde le sait, conduit le sang des poumons dans
le cœur de l'homme, des quadrupèdes, des oiseaux et des reptiles. Une partie du fluide, ranimée dans les branchies du pois-

Lamproie.

son, va donc au cœur sans avoir circulé de nouveau par les
artères et les veines; elle repasse donc par les branchies avant
de se répandre dans les différents organes qu'elle doit arroser
et nourrir, et peut-être va-t-elle plus d'une fois, avant de
parvenir aux portions du corps qu'elle est destinée à entretenir, chercher dans ces branchies une nouvelle quantité de
principes réparateurs.

Au reste, le sang parcourt les routes que nous venons de
tracer avec plus de lenteur qu'il ne circule dans la plupart des
animaux plus rapprochés de l'homme que les poissons. Son
mouvement serait bien plus retardé encore s'il n'était dû qu'aux
impulsions que le cœur donne, et qui se décomposent et s'ané-
antissent, au moins en grande partie, au milieu des nombreux
circuits des vaisseaux sanguins, et s'il n'était pas aussi produit
par la force des muscles qui environnent les artères et les
veines.

Mais quels sont donc ces organes particuliers que nous nommons *branchies* (1), et par quelle puissance le sang en reçoit-il le principe de la vie?

Ils sont bien plus variés que les organes respiratoires des animaux que l'on a regardés comme plus parfaits. Ils peuvent différer, en effet, les uns des autres, suivant la famille de poissons que l'on examine, non seulement par leurs formes, mais encore par le nombre et les dimensions de leurs parties. Dans quelques espèces, telles que la lamproie, ils consistent dans des poches ou bourses composées de membranes plissées, sur la surface desquelles s'étendent les ramifications artérielles et veineuses dont j'ai déjà parlé, et jusqu'à présent, on a compté de chaque côté de la tête six ou sept de ces poches ridées et à grande superficie.

Mais le plus souvent, comme par exemple dans le saumon, les branchies sont formées par plusieurs arcs solides et d'une courbure plus ou moins considérable; chacun de ces arcs appartient à une branchie particulière.

Le long de la partie convexe, on voit quelquefois un seul rang, mais le plus communément deux rangées de petites lames plus ou moins solides et flexibles, et dont la figure varie suivant le genre et quelquefois suivant l'espèce. Ces lames sont d'ailleurs un peu convexes d'un côté et un peu concaves du côté opposé. Elles sont appliquées l'une contre l'autre, attachées à l'arc, liées ensemble, recouvertes par des membranes de diverses épaisseurs, ordinairement garnies de petits poils plus ou moins apparents, plus nombreux sur la face convexe que sur la face concave, et revêtues sur leur surface de ces ramifications artérielles et veineuses si multipliées, que nous avons déjà décrites.

(1) Ces organes sont aussi appelés *ouïes;* mais nous avons supprimé cette dernière dénomination comme impropre, partant d'une fausse supposition et pouvant faire naître des erreurs, ou au moins des équivoques et de l'obscurité. (*Note de l'auteur.*)

La partie concave de l'arc ne présente pas de lames ; mais elle montre des protubérances courtes et unies, ou des tubercules allongés, ou des rayons, ou de véritables aiguillons assez courts.

Tous les arcs sont élastiques et garnis, vers leurs extrémités, de muscles qui peuvent, selon le besoin de l'animal, augmenter momentanément leur courbure ou leur imprimer d'autres mouvements.

Saumon.

Leur nombre, ou, ce qui est la même chose, le nombre des branchies est de quatre de chaque côté dans presque tous les poissons, quelques-uns cependant n'en ont que trois à droite et trois à gauche ; d'autres en ont cinq.

On connaît une espèce de squale qui en a six, une seconde espèce de la même famille qui en présente sept ; et ainsi on doit dire que l'on peut compter en tout, dans les animaux que nous observons, depuis six jusqu'à quatorze branchies. Peut-être néanmoins y a-t-il des poissons qui n'ont qu'une ou deux branchies de chaque côté de la tête.

Nous devons faire remarquer encore que les proportions des dimensions des branchies avec celles des autres parties du corps, ne sont pas les mêmes dans toutes les familles de poissons. Ces organes sont moins étendus dans ceux qui vivent habituellement au fond des mers ou des rivières, à demi-enfoncés dans le sable ou dans la vase, que dans ceux qui parcourent en nageant de grands espaces ou s'approchent souvent de la surface des eaux.

Au reste, quels que soient la forme, le nombre et la grandeur des branchies, elles sont placées de chaque côté de la tête, dans une cavité qui n'est que la prolongation de l'intérieur de la gueule, ou, si elles ne sont composées que de poches plissées, chacune de ces poches communique par un ou deux orifices avec ce même intérieur, pendant qu'elle s'ouvre à l'extérieur par un autre orifice.

Mais, comme nous décrirons en détail les légères différences que la contexture de ces organes apporte dans l'arrivée du fluide nécessaire à la respiration des poissons, ne nous occupons maintenant que des branchies qui appartiennent au plus grand nombre de ces animaux, et qui consistent principalement dans des arcs solides et dans une ou deux rangées de petites lames.

Souvent l'eau entre par la bouche pour parvenir jusqu'à la cavité qui, de chaque côté de la tête, renferme les branchies ; et lorsqu'elle a servi à la respiration et qu'elle doit être remplacée par un nouveau fluide, elle s'échappe par un orifice latéral auquel on a donné le nom d'*ouverture branchiale*.

Dans quelques espèces, dans les petromyzons, dans les raies et dans plusieurs squales, l'eau surabondante peut aussi sortir des deux cavités et de la gueule par un ou deux petits tuyaux ou évents qui, du fond de la bouche, parviennent à l'extérieur du corps vers le derrière de la tête. D'autres fois, l'eau douce ou salée est introduite par les ouvertures branchiales et passe

par les évents ou par la bouche lorsqu'elle est repoussée en
dehors ; ou, si elle pénètre par les évents, elle trouve une
issue dans l'ouverture de la gueule ou dans une des branchiales.

L'issue branchiale de chaque côté du corps n'est ouverte ou
fermée, dans certaines espèces, que par la dilatation ou la com-
pression que l'animal peut faire subir aux muscles qui environnent ces orifices; mais communément elle est garnie d'un
opercule ou d'une membrane, et le plus souvent, de tous les
deux à la fois.

L'opercule est plus ou moins solide, composé d'une ou de

Requin.

plusieurs peaux, ordinairement garni de petites écailles, quelquefois hérissé de pointes ou armé d'aiguillons. La membrane
placée, en tout ou en partie sous l'opercule, est presque toujours
soutenue, comme une nageoire, par des rayons simples qui
varient en nombre, suivant les espèces ou les familles, et
qui, mus par des muscles particuliers, peuvent, en s'écartant
ou en se rapprochant les uns des autres, déployer ou plisser la
membrane.

Lorsque le poisson veut fermer son ouverture branchiale, il
abat son opercule; il étend au-dessous sa membrane, et il
applique exactement et fortement contre les bords de l'orifice
les portions et la circonférence de la membrane ou de l'opercule
qui ne tiennent pas à son corps. Il a, pour ainsi dire, à sa

disposition une porte un peu flexible ou un simple rideau pour clore la cavité de ses branchies.

Mais nous avons assez montré de formes, développé d'organisations ; il est temps que les forces que nous avons indiquées agissent sous nos yeux ; remplaçons donc la matière inerte par la matière productive, la substance passive par l'être actif, le corps seulement organisé par le corps en mouvement ; que le poisson reçoive le souffle de la vie ; qu'il respire.

En quoi consiste cet acte si important, si involontaire, si fréquemment renouvelé, auquel on a donné le nom de *respiration?*

Dans les poissons, dans les animaux à branchies, de même que dans ceux qui ont reçu des poumons, cet acte n'est que l'absorption plus ou moins grande de ce gaz oxygène qui fait partie de l'air atmosphérique et qui se retrouve jusque dans les plus grandes profondeurs de la mer. C'est ce gaz oxygène qui, en se combinant dans les branchies avec le sang des poissons, le colore par son union avec les principes que ce fluide lui présente, et lui donne par la chaleur qui se dégage, le degré de température qui doit appartenir à ce liquide. Et comme, ainsi que tout le monde le sait, les corps ne brûlent que par l'absorption de ce même oxygène, la respiration des poissons, semblable à celle des autres animaux à poumons, n'est donc qu'une combustion plus ou moins lente, et ainsi, même au milieu des eaux, nous voyons se réaliser cette belle et philosophique fiction de la poésie ancienne qui, du souffle vital qui anime les êtres, faisait sortir une flamme secrète plus ou moins fugitive.

L'oxygène, amené par l'eau sur ces surfaces si multipliées et par conséquent si agissantes que présentent les branchies, peut aisément parvenir jusqu'au sang contenu dans les nombreuses ramifications artérielles ou veineuses que nous avons déjà fait connaître.

Cet élément de la vie peut, en effet, pénétrer au travers

des membranes qui composent ou recouvrent ces petits vaisseaux sanguins; il peut passer au travers de pores trop petits pour les globules du sang. On ne peut plus en douter depuis que l'on connaît l'expérience par laquelle Priestley a prouvé que du sang, renfermé dans une vessie couverte même avec de la graisse, n'en était pas moins altéré dans sa couleur par l'air de l'atmosphère, dont l'oxygène fait partie. Et l'on a su de plus par Monro, que lorsqu'on injecte, avec une force modérée, de l'huile de térébenthine colorée par du vermillon, dans l'artère branchiale de plusieurs poissons, et particulièrement d'une raie récemment morte, une portion de l'huile rougie transsude au travers des membranes qui composent les branchies, et ne les déchire pas.

Mais cet oxygène qui s'introduit jusque dans les petits vaisseaux des branchies, dans quel fluide les poissons peuvent-ils le puiser? Est-ce une quantité plus ou moins considérable d'air atmosphérique, disséminée dans l'eau et répandue jusque dans les abîmes les plus profonds de l'Océan, qui contient tout l'oxygène qu'exige le sang des poissons pour être vivifié? Ou, pourrait-on croire que l'eau, parmi les éléments de laquelle on compte l'oxygène, est décomposée par la grande force d'affinité que doit exercer, sur les principes de ce fluide, un sang très divisé et répandu sur les surfaces multipliées des branchies?

Cette question est importante; elle est liée aux progrès de la physique animale, et nous ne terminerons pas ce discours sans chercher à jeter quelque jour sur ce sujet dont nous nous sommes occupé le premier.... Continuons cependant, quelle que soit la source d'où découle cet oxygène, d'exposer les phénomènes relatifs à la respiration des poissons.

Pendant l'opération que nous examinons, le sang de ces animaux, non seulement se combine avec le gaz qui lui donne la couleur et la vie, mais encore se dégage par une double décomposition des principes qui l'altèrent.

Ces deux effets paraissant, au premier coup d'œil, pouvoir
être produits au milieu de l'atmosphère aussi bien que dans le
sein des eaux, on ne voit pas tout d'un coup pourquoi, en
général, les poissons ne vivent dans l'air que pendant un temps
assez court, quoique ce dernier fluide puisse arriver plus facilement jusque sur leurs branchies, et leur fournir bien plus
d'oxygène qu'ils n'ont besoin d'en recevoir.

On peut cependant donner plusieurs raisons de ce fait remarquable. Premièrement, on peut dire que l'atmosphère, en leur
abandonnant de l'oxygène avec plus de promptitude ou en plus
grande quantité que l'eau, est pour leurs branchies ce que l'oxygène très pur est pour les poumons de l'homme, des quadrupèdes, des oiseaux et des reptiles ; l'action vitale est trop
augmentée au milieu de l'air, la combustion trop précipitée,
l'animal est pour ainsi dire consumé.

Secondement, les vaisseaux artériels et veineux, disséminés
sur les surfaces branchiales, n'étant pas contenus dans l'atmosphère par la pression d'un fluide aussi pesant que l'eau, cèdent
à l'action du sang devenue beaucoup plus vive, se déchirent,
produisent la destruction d'un des organes essentiels des poissons et causent bientôt leur mort. Voilà pourquoi lorsque ces
animaux périssent pour avoir été pendant longtemps hors de
l'eau des mers ou des rivières, on voit leurs branchies ensan-
glantées.

Troisièmement enfin, l'air, en desséchant le corps des poissons et particulièrement le principal siège de leur respiration,
diminue, et même anéantit cette souplesse, cette humidité,
cette onctuosité dont ils jouissent dans l'eau ; arrête le jeu de
plusieurs ressorts, hâte la rupture de plusieurs vaisseaux et
particulièrement de ceux qui appartiennent aux branchies.

Aussi verrons-nous la plupart des procédés employés pour
conserver dans l'air les poissons en vie, se réduire à les pénétrer d'une humidité abondante et à préserver surtout de
toute dessication l'intérieur de la bouche et par conséquent les

branchies ; et d'un autre côté, nous remarquerons que l'on parvient à faire vivre plus longtemps, hors de l'eau, ceux de ces animaux dont les organes respiratoires sont le plus à l'abri sous un opercule et une membrane qui s'appliquent exactement contre les bords de l'ouverture branchiale, ou ceux qui sont

Raie.

pourvus et pour ainsi dire imbibés d'une plus grande quantité de matière visqueuse.

Cette explication paraîtra avoir un nouveau degré de force, si l'on fait attention à un autre phénomène plus important encore pour le physicien. Les branchies ne sont pas, à la rigueur, le seul organe par lequel les poissons respirent : partout où leur sang est très divisé et très rapproché de l'eau, il peut, par son affinité, tirer directement de ce fluide, ou de l'air que cette même eau contient, l'oxygène qui lui est nécessaire. Or, non seulement les téguments des poissons sont perpétuellement environnés d'eau, mais ce même liquide arrose souvent l'intérieur de leur canal intestinal, y séjourne même ; et comme ce canal est entouré d'une très grande quantité de vaisseaux sanguins, il doit s'opérer dans sa longue cavité, ainsi qu'à la surface extérieure de l'animal, une absorption plus ou moins fréquente d'oxygène, un dégagement plus ou moins considérable des principes corrupteurs du sang. Le poisson respire donc, et par ses branchies, et par sa peau, et par son tube intestinal, et le voilà lié, par une nouvelle ressemblance, avec des animaux plus parfaits.

Au reste, de quelque manière que le sang obtienne l'oxygène, c'est lorsqu'il a été combiné avec ce gaz, que, ayant reçu d'ailleurs des vaisseaux absorbants les principes de la nutrition, il jouit de ses qualités dans toute leur plénitude. C'est après cette union que, circulant avec la vitesse qui lui convient dans toutes les parties du corps, il entretient, répare, ranime, vivifie. C'est alors que, par exemple, les muscles doivent à ce fluide leur accroissement, leurs principes conservateurs et le maintien de l'irritabilité qui les caractérise.

Ces organes extérieurs du mouvement ne présentent, dans les poissons, qu'un très petit nombre de différences générales et sensibles avec ceux des autres animaux à sang rouge. Leurs tendons s'insèrent, à la vérité, dans la peau, ce qui ne se voit ni dans l'homme, ni dans la plupart des quadrupèdes ; mais on retrouve la même disposition non seulement dans les serpents qui sont revêtus d'écailles, mais encore dans le porc-épic et dans le hérisson qui sont couverts de piquants.

On peut cependant distinguer les muscles des poissons par la forme des fibres qui les composent et par le degré de leur

instabilité. En effet, ils peuvent se séparer encore plus facilement que les muscles d'animaux plus composés, en fibres très
déliées ; et comme ces fibrilles, quelque tenues qu'elles soient,
paraissent toujours aplaties et non cylindriques, on peut dire
qu'elles se prêtent moins à la division que l'on veut leur faire
subir dans un sens que dans un autre, puisqu'elles conservent
toujours deux diamètres inégaux, ce que l'on n'a pas remarqué

Porc-Epic.

dans les muscles de l'homme, des quadrupèdes, des oiseaux
ni des reptiles.

De plus, l'irritabilité des muscles des poissons paraît plus
grande que celle des autres animaux à sang rouge. Ils cèdent
plus aisément à des stimulants égaux. Et que l'on n'en soit pas
étonné ; les fibres musculaires contiennent deux principes :
une matière terreuse et une matière glutineuse. L'irritabilité
paraît dépendre de la quantité de cette dernière substance ; elle
est d'autant plus vive que cette matière glutineuse est plus

abondante, ainsi qu'on peut s'en convaincre en observant les
phénomènes que présentent les polypes, d'autres zoophytes et
en général tous les jeunes animaux.

Mais parmi les animaux à sang rouge, en est-il dans lesquels
ce gluten soit plus répandu que dans les poissons ? Sous quelque
forme que se présente cette substance qui sépare les êtres
organisés d'avec la matière brute ; sous quelque modification
qu'elle soit, pour ainsi dire, déguisée, elle se montre
dans les poissons en quantité bien plus considérable que dans
les animaux plus parfaits ; et voilà pourquoi leur tissu cellulaire

Morue.

contient plus de cette graisse huileuse que tout le monde connaît ;
et voilà pourquoi encore toutes les parties de leur corps sont
pénétrées d'une huile que l'on retrouve particulièrement dans
leur foie, et qui est assez abondante dans certaines espèces de
poissons, notamment dans les morues, pour que l'industrie et
le commerce l'emploient avec avantage et utilité pour les
besoins de l'homme.

C'est aussi de cette huile, dont l'intérieur même des poissons est abreuvé, que dépend la transparence plus ou moins
grande, que présentent ces animaux dans des portions de leur
corps souvent assez étendues et même quelquefois un peu
épaisses. Ne sait-on pas, en effet, que pour donner à une matière ce degré d'homogénéité qui laisse passer assez de lumière

Pêche à la morue.

pour produire la transparence, il suffit de parvenir à l'imprégner d'une huile quelconque? Et ne le voit-on pas tous les jours dans les papiers huilés avec lesquels *on est souvent forcé de chercher à remplacer le verre* (1).

Un autre phénomène très digne d'attention doit être rapporté à cette huile, que l'art sait, si bien et depuis si longtemps, extraire du corps des poissons. C'est leur phosphorescence. En effet, non seulement leurs cadavres peuvent, comme tous les animaux et tous les végétaux qui se décomposent, répandre, par suite de leur altération et de diverses combinaisons que leurs principes éprouvent, une lueur blanchâtre; non seulement ils peuvent, pendant leur vie et particulièrement dans les contrées torrides, se pénétrer pendant le jour d'une vive lumière solaire, qu'ils laissent échapper pendant la nuit et qui les revêt d'un éclat très brillant, en quelque sorte d'une couche de feu; mais encore ils tirent de cette matière huileuse qui s'insinue dans toutes leurs parties et qui est un de leurs éléments, la faculté de paraître revêtus, indépendamment de tel ou tel temps, de telle ou telle température, d'une lumière qui, dans les endroits où ils sont réunis en grand nombre, n'ajoute pas peu au magnifique spectacle que présente la mer lorsque les différentes causes qui peuvent en rendre la surface phosphorique agissent ensemble et se déploient avec force (2). Ils augmentent d'autant plus la beauté de cette immense illumination métamorphosée par la poésie en appareil de fête pour les divinités des eaux, que leur clarté paraît de très loin et qu'on l'aperçoit fort bien lors même qu'ils sont à d'assez grandes profondeurs.

Cette huile ne donne pas seulement un vain éclat aux pois-

(1) Nous soulignons ces lignes, écrites il y a moins d'un siècle, afin d'appeler l'attention de nos lecteurs sur le progrès qu'a fait l'industrie et, par suite, le bien-être, depuis cette époque. Qui, en France, songerait maintenant à remplacer le verre par le papier huilé?...

(2) Le docteur Beal, en 1666, a observé et enseigné dans un recueil savant, que des poissons qu'on fait bouillir dans l'eau rendent quelquefois cette eau phosphorescente.

sons ; elle les maintient au milieu de l’eau contre l’action alté-
rante de ce fluide. Indépendamment de cette huile , une
substance visqueuse, qui diffère toutefois de la matière huileuse par plusieurs caractères, et par conséquent par la nature
ou du moins par la proportion des principes qui la composent,
est élaborée dans des vaisseaux particuliers, transportée sous
les téguments extérieurs et répandue à la surface du corps par
plusieurs ouvertures.

Le nombre, la position, la forme de ces ouvertures, de ces
canaux différents, de ces organes sécréteurs, varient suivant
les espèces ; mais dans presque tous les poissons cette humeur
gluante suinte particulièrement par des orifices distribués sur
différentes parties de la tête, et par d’autres situés le long et
de chaque côté du corps et de la queue, et dont l’ensemble
porte le nom de ligne latérale.

Cette ligne est plus sensible lorsque le poisson est revêtu
d’écailles facilement visibles, parce qu’elle se compose alors
non seulement des pores excréteurs que nous venons d’indiquer, mais encore d’un canal formé d’autant de petits tuyaux
qu’il y a d’écailles sur ces orifices, et creusé dans l’épaisseur
de ces mêmes écailles.

Cette substance visqueuse, souvent renouvelée, enduit tout
l’extérieur du poisson, empêche l’eau de filtrer à travers les
téguments, et donne au corps, qu’elle rend plus souple, la faculté de glisser plus rapidement au milieu des eaux que cette
sorte de vernis repousse pour ainsi dire.

L’huile animale, qui vraisemblablement est le principe élaboré
pour la production de cette humeur gluante, agit donc directement, et à l’extérieur et à l’intérieur des poissons. Leurs
parties les plus compactes et les plus dures portent l’empreinte de sa nature ; on retrouve son influence et même son
essence jusque dans la charpente solide sur laquelle s’appuient
toutes les parties molles que nous venons d’examiner.

Cette charpente plus ou moins compacte peut être cartillagineuse ou véritablement osseuse. Les pièces qui la composent présentent dans leur formation et dans leur développement le même phénomène que celles qui appartiennent aux squelettes des animaux plus parfaits que les poissons; leurs couches antérieures sont les premières produites, les premières réparées, les premières sur lesquelles agissent les différentes causes d'accroissement. Mais lorsque ces pièces sont cartilagineuses, elles diffèrent beaucoup des os des quadrupèdes, des oiseaux et de l'homme. Enduites d'une mucosité qui n'est qu'une manière d'être de l'huile animale, si abondante

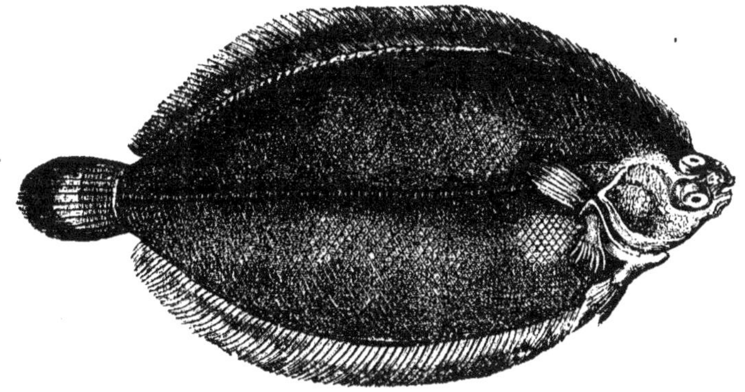

Sole.

dans les poissons, elles ont des cellules et n'ont pas de cavités proprement dites. Elles ne contiennent pas cette substance particulière que l'on a appelée *moelle osseuse* dans l'homme, les quadrupèdes et les oiseaux; elles offrent l'assemblage de différentes lames.

Lorsqu'elles sont osseuses, elles se rapprochent davantage pour leur contexture des os de l'homme, des oiseaux et des quadrupèdes.

IV

.... Mais renvoyons à une autre partie de ce travail tout ce qu'il y a à dire encore sur ce sujet, et hâtons la marche de notre pensée :

En ce moment, le poisson respire devant nous ; son sang circule, sa substance répare ses pertes ; il vit. Il ne peut plus être confondu avec les masses inertes de la matière brute, mais rien ne le sépare de l'insensible végétal. Il n'a pas encore cette force intérieure, cet attribut puissant et fécond que l'animal seul possède ; trop rapproché d'un simple automate, il n'est animé qu'à demi.

Complétons ses facultés ; éveillons tous ses organes, pénétrons-le de ce fluide subtil, de cet agent merveilleux dont l'antique mythologie fit une émanation du feu sacré, ravi dans le ciel par l'audacieux Prométhée : il n'a reçu que la vie, donnons-lui le sentiment.

Voyons et la source et le degré de cette sensibilité départie aux êtres devenus les objets de notre attention particulière, ou, ce qui revient au même, observons l'ensemble de leur système nerveux.

Le cerveau, la première origine des nerfs et par conséquent des organes des sentiments, est très petit dans les poissons relativement à l'étendue de leur tête. Il est divisé en plusieurs lobes ; mais le nombre, la grandeur de ces lobes et leurs séparations diminuent à mesure que l'on s'éloigne des cartilagineux, particulièrement des raies et des squales, et qu'en parcourant les espèces d'osseux dont le corps très allongé ressemble par sa forme extérieure à celui d'un serpent ainsi que ceux dont la forme est plus ou moins conique, on arrive aux familles de ces mêmes osseux qui présentent le plus grand aplatissement.

Communément la partie intérieure du cerveau est un peu brune, pendant que l'extérieure ou la corticale est blanche et grasse.

La moelle épinière, qui part de cet organe et de laquelle dérivent tous les nerfs qui ne partent pas directement du cerveau, s'étend le long de la colonne vertébrale jusqu'à l'extrémité de la queue; mais au lieu de pénétrer dans l'intérieur des vertèbres, elle en parcourt le dessus en traversant

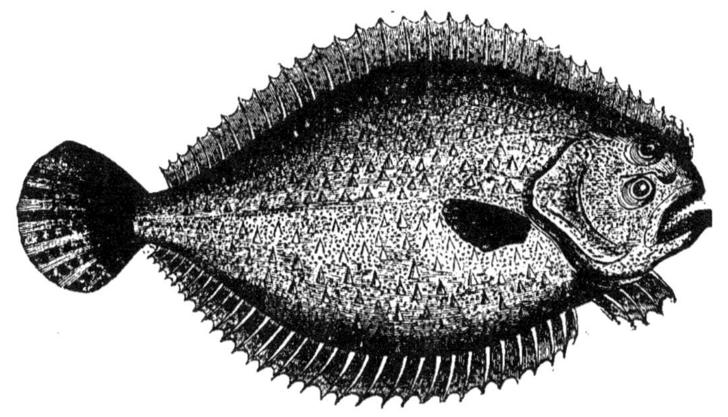

Turbot.

la base des éminences pointues ou apophyses supérieures que présentent ces mêmes vertèbres. Il n'est donc pas étonnant que dans les espèces de poissons dont ces apophyses sont un peu éloignées les unes des autres à cause de la longeur des vertèbres, la moelle épinière ne soit mise à l'abri sur plusieurs points de la colonne dorsale que par des muscles, la peau et des écailles.

Mais l'énergie du système nerveux n'est pas uniquement le produit du cerveau. Elle dépend aussi de la moelle épinière; elle réside même dans chaque nerf, et elle en émane d'autant plus, que l'on est plus loin de l'homme et des animaux très composés, et plus près par conséquent des insectes et des vers, dont les différents organes paraissent plus indépendants les uns des autres, dans leur jeu et dans leur existence.

Les nerfs des poissons sont aussi grands à proportion que ceux des animaux à mamelles, quoiqu'ils proviennent d'un cerveau beaucoup plus petit.

.... Examinons maintenant les organes particuliers dans lesquels les extrémités de ces nerfs s'épanouissent, qui reçoivent l'action des objets extérieurs et qui, faisant éprouver au poisson toutes les sensations analogues à sa nature, complètent l'exercice de cette faculté si digne des recherches des philosophes, à laquelle on a donné le nom de *sensibilité.*

Ces organes particuliers sont les sens.

Le premier qui se présente à nous est l'odorat. Le siège en est très étendu, double, et situé entre les yeux et jusqu'au bout du museau, à une distance plus ou moins grande de cette extrémité.

Les nerfs qui y aboutissent, partant immédiatement du cerveau, forment ce qu'on a nommé la première paire de nerfs. Ils sont très épais et se distribuent, dans les deux sièges de l'odorat, en un très grand nombre de ramifications qui, multipliant les surfaces de la substance sensitive, la rendent susceptible d'être ébranlée par de très faibles impressions. Ces ramifications se répandent sur des membranes très nombreuses placées sur deux rangs dans la plupart des cartilagineux, particulièrement dans les raies. Disposées en rayons dans les osseux, elles garnissent l'intérieur des deux cavités qui renferment le véritable organe de l'odorat. C'est dans ces cavités que l'eau pénètre pour faire parvenir les particules odorantes dont elle est chargée, jusqu'à l'épanouissement des nerfs olfactifs. Elle y arrive selon les espèces par une ou deux ouvertures longues, rondes ou ovales ; elle y circule et en est expulsée pour faire place à une eau nouvelle, par les contractions que l'animal peut faire subir à chacun de ces deux organes.

Nous venons de dire que les yeux sont situés au delà, mais assez près des deux narines. Leur conformation ressemble

Araignées de mer. — Crevette.

beaucoup à celle des yeux de l'homme, des quadrupèdes, des oiseaux et des reptiles; mais voici les différences qu'ils présentent.

Ils ne sont garantis ni par des paupières, ni par aucune membrane clignotante ; cette humeur, que l'on nomme aqueuse et qui remplit l'intervalle situé entre la cornée et le cristallin, y est moins abondante que dans les animaux plus parfaits. L'humeur vitrée qui occupe le fond de l'intérieur de l'organe est moins épaisse ; le cristallin est plus convexe, plus voisin de la forme entièrement sphérique, plus dense, pénétré, comme toutes les parties des poissons, d'une substance huileuse et par conséquent plus inflammable.

Les vaisseaux sanguins qui aboutissent à l'organe de la vue sont, d'ailleurs, plus nombreux ou d'un plus grand diamètre dans les poissons que dans la plupart des autres animaux à sang rouge ; et voilà pourquoi le sang s'y porte avec plus de force lorsque son cours ordinaire est troublé par les diverses agitations que l'animal peut ressentir.

Au reste, les yeux ne présentent pas à l'extérieur la même forme et ne sont pas situés de même dans toutes les espèces de poissons. Dans les unes, ils sont très petits, et dans les autres, assez grands ; dans celles-ci, presque plats ; dans celles-là, très convexes ; dans le plus grand nombre des espèces, presque ronds ; dans quelques-unes, allongés ; tantôt rapprochés et placés sur le sommet de la tête, tantôt très écartés et occupant les faces latérales de cette même partie, tantôt encore très voisins et appartenant au même côté de l'animal ; quelquefois disposés de manière à recevoir tous les deux des rayons de lumière réfléchis par le même objet, et d'autres fois ne pouvant embrasser qu'un champ particulier. De plus, ils sont, dans certains individus, recouverts en partie et mis comme en sûreté par une petite saillie que forment les téguments de la tête ; dans d'autres, la peau s'étend sur la totalité de ces organes qui ne peuvent plus être aperçus que comme au travers d'un voile plus ou moins épais. Le prunelle enfin n'est pas toujours ronde ou ovale, mais on la voit quelquefois terminée par un angle du côté du museau.

A la suite du sens de la vue, celui de l'ouïe se présente à notre examen. Les sciences naturelles sont maintenant trop avancées pour que nous puissions employer même un moment à réfuter l'opinion de ceux qui ont pensé que les poissons n'entendent pas. Nous n'annoncerons donc point, comme autant de preuves de la faculté d'entendre dont jouissent ces animaux, les faits que nous indiquerons en parlant de leur instinct ; nous ne dirons pas que, dans tous les temps et tous les pays, on a su qu'on ne pouvait employer avec succès certaines manières de pêcher qu'en observant le silence le plus profond ; nous n'ajouterons pas, pour réunir des autorités à des raisonnements fondés sur l'observation, que plusieurs auteurs anciens attribuaient cette faculté aux poissons, et qu'Aristote, en particulier, paraît devoir être compté parmi ces anciens naturalistes ; mais nous passerons immédiatement à la description de cet organe.

Dans presque aucun des animaux qui vivent habituellement dans l'eau, et qui reçoivent les impressions sonores par l'intermédiaire d'un fluide plus dense que celui de l'atmosphère, on ne voit ni ouverture extérieure pour l'organe de l'ouïe, ni oreille externe, ni canal auditif, ni membrane du tympan, ni cavité du même nom, ni passage aboutissant à l'intérieur de la bouche et servant comme de *trompe d'Eustache*, ni osselets auditifs correspondant à ceux que l'on a nommés *enclume*, *marteau* ou *étrier* ; ni limaçon, ni communication intérieure désignée par la dénomination de *fenêtre ronde*. Ces parties manquent en effet, non seulement dans les poissons, mais encore dans les salamandres aquatiques ou à queue plate, dans un grand nombre de serpents, dans les crabes et dans d'autres animaux à sang blanc, qui habitent au milieu des eaux. Mais les poissons n'en ont pas moins reçu, ainsi que les animaux dont nous venons de parler, un instrument auditif composé de plusieurs parties très remarquables, très grandes et très distinctes.

Pour mieux faire connaître ces diverses parties, examinons-les d'abord dans les poissons cartilagineux. On voit premièrement dans l'oreille de plusieurs d'entre eux une ouverture formée par une membrane tendue et élastique, ou par une petite plaque cartilagineuse et semblable ou très analogue à celle que l'on nomme *fenêtre ovale* dans les quadrupèdes et dans l'homme. On aperçoit ensuite chez tous les cartilagineux un vestibule que remplit une liqueur plus ou moins aqueuse, et auprès duquel se montrent trois canaux composés d'une membrane transparente mais ferme et épaisse, que l'on a nommés demi-circulaires, quoiqu'ils forment presque un cercle, et qui ont les plus grands rapports avec les trois canaux membraneux que l'on découvre dans l'homme et dans les quadrupèdes.

Ces tuyaux demi-circulaires, renfermés dans une cavité qui n'est qu'une continuation du vestibule et qu'ils divisent de manière à produire une sorte de labyrinthe, sont en proportion plus grands que ceux des quadrupèdes et de l'homme. Contenus souvent en partie dans des canaux cartilagineux que l'on voit surtout dans les raies, et remplis d'une humeur particulière, ils s'élargissent en espèce d'ampoules qui reçoivent la pulpe dilatée des ramifications acoustiques, et qui doivent être comprises parmi les véritable sièges de l'ouïe.

Indépendamment des trois canaux, le vestibule contient trois petits sacs inégaux en volume, composés d'une membrane mince mais ferme et élastique, remplis d'une sorte de gelée ou de nymphe épaisse ; ils contiennent chacun un ou deux petits corps cartilagineux, tapissés de ramifications nerveuses très déliées, et qui peuvent être considérés comme autant de sièges de sensations sonores.

Les poissons osseux et quelques cartilagineux, tels que la lophie baudroie, n'ont point de fenêtre ovale ; mais leurs canaux demi-circulaires sont plus étendus, plus larges et plus unis les uns aux autres. Ils n'ont qu'un sac membraneux au lieu de trois ; mais cette espèce de poche, qui renferme un ou deux corps durs d'une matière osseuse ou crétacée, est plus grande, plus remplie de substances gélatineuses ; et d'ailleurs, dans la cavité par laquelle les trois canaux demi-circulaires communiquent ensemble, on trouve le plus souvent un petit corps semblable à ceux que contiennent les petits sacs.

Il y a donc dans l'oreille des poissons, ainsi que dans celle de l'homme, des quadrupèdes, des oiseaux et des reptiles, plusieurs sièges de l'ouïe. Ces sièges n'étant cependant que des émanations d'un rameau de la cinquième paire de nerfs, lequel, dans les animaux dont nous exposons l'histoire, est le véritable nerf acoustique, ils ne doivent produire, dans leur état normal, lorsqu'ils sont ébranlés en même temps, qu'une sensation à la fois.

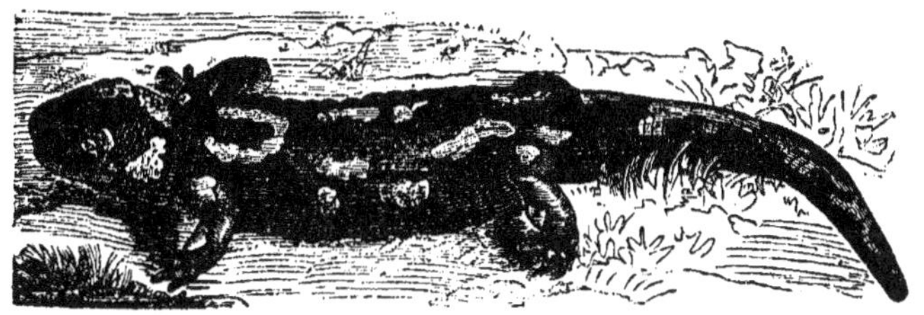

Salamandre.

Au reste, l'organe de l'ouïe, considéré dans son ensemble, est double dans tous les poissons, comme celui de la vue. Les deux oreilles sont contenues dans la cavité du crâne dont elles occupent de chaque côté l'angle le plus éloigné du museau ; et comme elles ne sont séparées que par une membrane de la portion de cette cavité qui renferme le cerveau, les impressions sonores ne peuvent-elles pas être communiquées très aisément à ces deux organes par les parties solides de la tête, par les portions dures qui les avoisinent, et par le liquide que l'on trouve dans l'intérieur de ces parties solides.

Il nous reste à parler du goût et du toucher des poissons. La langue de ces animaux étant le plus souvent presque entièrement immobile, et leur palais présentant fréquemment, ainsi que leur langue, des rangées très serrées et très nombreuses de dents, on ne peut pas supposer que leur goût soit très délicat ; mais il est remplacé par leur odorat, dans lequel on peut le considérer, en quelque sorte, comme transporté.

Il n'en est pas de même de leur toucher. Dans presque tous les poissons, le dessous du ventre et surtout l'extrémité du museau paraissent en être deux sièges assez sensibles. Ces deux organes ne doivent, à la vérité, recevoir des corps extérieurs que des impressions très peu complètes, parce que les poissons ne peuvent appliquer leur ventre ou leur museau qu'à quelques parties de la surface qu'ils touchent ; mais ces mêmes organes font éprouver à l'animal des sensations très vives, et l'avertissent fortement de la présence d'un objet étranger.

D'ailleurs, ceux des poissons dont le corps allongé ressemble beaucoup par sa forme à celui des serpents, et dont la peau ne présente aucune écaille facilement visible, peuvent, comme les reptiles, entourer les objets dont ils s'approchent, et alors, non seulement l'impression communiquée par une plus grande surface est plus fortement ressentie, mais les sensations sont plus distinctes.

On doit donc dire que les poissons ont reçu un sens du toucher bien moins imparfait qu'on a pu être tenté de le croire. Il faut même ajouter qu'il n'est en quelque sorte aucune partie de leur corps qui ne paraisse très sensible à tout attouchement. Voilà pourquoi ils s'élancent avec tant de rapidité lorsqu'ils rencontrent un corps étranger qui les effraie ; et quel est celui qui n'a pas vu ces animaux se dérober ainsi, avec la promptitude de l'éclair, à la main qui commençait à les atteindre.

.... Il n'est personne qui, d'après ce que nous venons de dire, ne voie sans peine que l'odorat est le premier des sens des poissons. Tout le prouve, et la conformation de l'organe de ce sens, et les faits sans nombre rapportés par plusieurs

voyageurs et qui ne laissent aucun doute sur les distances
immenses que franchissent les poissons attirés par les émana-

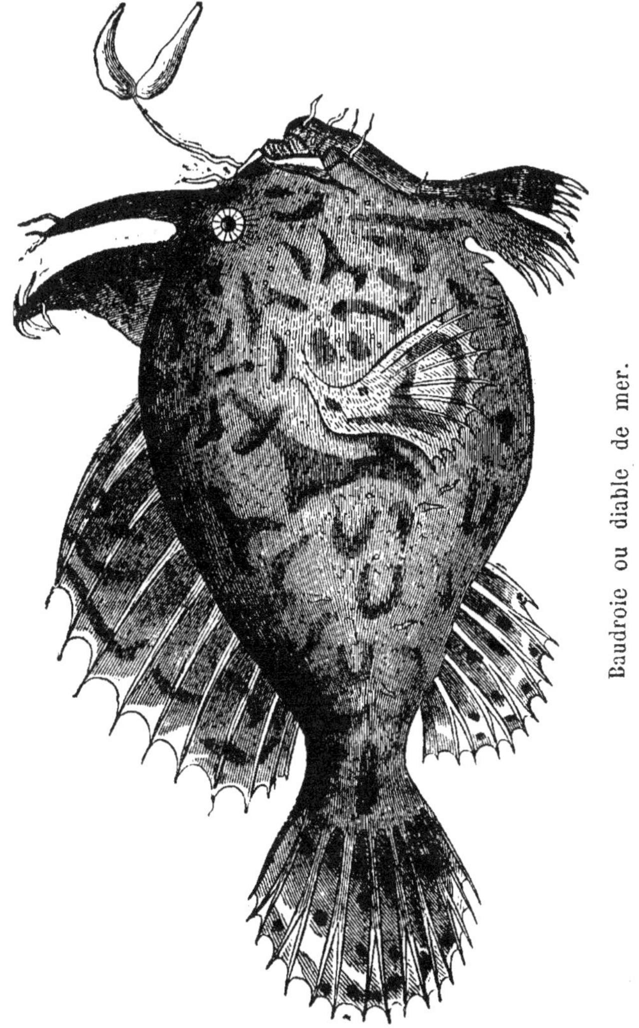

Baudroie ou diable de mer.

tions odorantes de la proie qu'ils recherchent, ou repoussés
par celles des ennemis qu'ils redoutent. Le siège de cet odorat
est le véritable œil des poissons. Il les dirige au milieu des

ténèbres les plus épaisses, malgré les vagues les plus agitées, dans le sein des eaux les plus troubles, les moins perméables aux rayons de la lumière.

Nous savons, il est vrai, que des objets de quelques pouces de diamètre, placés sur des fonds blancs, à trente ou trente-cinq brasses de profondeur, peuvent être aperçus facilement dans la mer (1); mais il faut pour cela que l'eau soit très calme. D'ailleurs, qu'est-ce qu'une trentaine de brasses en comparaison des gouffres immenses de l'Océan, de ces vastes abîmes que les poissons parcourent et dans le sein desquels presque aucun rayon solaire ne peut parvenir, surtout lorsque les ondes cèdent à l'impétuosité des vents et à toutes les causes puissantes qui peuvent, en les bouleversant, les mêler avec tant de substances opaques? Si l'odorat des poissons était donc moins parfait, ce ne serait que dans un petit nombre de circonstances qu'ils pourraient rechercher leurs aliments, échapper aux dangers qui les menacent, parcourir un espace d'eau un peu étendu. Et combien leurs habitudes seraient, par suite, différentes de celles que nous allons bientôt faire connaître.

Cette supériorité de l'odorat est un nouveau trait qui rapproche les poissons non seulement de la classe des quadrupèdes, mais de celle des oiseaux.

On sait, en effet, maintenant que plusieurs familles de ces derniers animaux ont un odorat très sensible; et il est à remarquer que cet odorat plus exquis se trouve principalement dans les oiseaux d'eau et dans ceux de rivage.

Que l'on ne croie pas néanmoins que le sens de la vue soit très faible dans les poissons. A la vérité, leurs yeux n'ont, ainsi que nous l'avons dit, ni paupières, ni membranes clignotantes, et par conséquent, ces animaux n'ont pas reçu ce double et grand moyen qui a été départi aux oiseaux et à quelques autres êtres animés de tempérer l'éclat trop vif de la

(1) Notes manuscrites communiquées à l'auteur par plusieurs habiles marins et, entre autres, par un ancien collègue, le courageux Kersaint.

lumière, d'en diminuer les rayons comme par un voile, et de préserver à volonté leur organe de ces exercices trop violents ou trop répétés qui ont bientôt affaibli et même détruit le sens le plus actif. Nous devons penser, en effet, et nous tirerons souvent des conséquences très étendues de ce principe ; nous devons penser, dis-je, que le siège d'un sens, quelque parfaite que soit sa composition, ne parvient à toute l'activité dont son organisation est susceptible que lorsque, par des alternatives plus ou moins fréquentes, il est vivement ébranlé par un très grand nombre d'impressions qui développent toute sa force, et préservé ensuite de l'action des corps étrangers qui le priverait d'un repos nécessaire à sa conservation. Ces alternatives, produites dans plusieurs animaux, dont la vue est très perçante, par une membrane clignotante et des paupières ouvertes ou fermées à volonté, ne peuvent pas être dues à la même cause dans les poissons, et peut-être, d'un autre côté, conclura-t-on qu'au moins dans toutes les espèces de ces animaux, l'iris puisse se dilater ou se resserrer, et par conséquent diminuer ou agrandir l'ouverture dont il est percé, que l'on nomme *prunelle,* et qui introduit la lumière dans l'œil, quoique l'inspection de la contexture de cet iris puisse le faire considérer comme composé de vaisseaux susceptibles de s'allonger ou de se raccourcir. On n'oubliera pas non plus que la vision doit être moins nette dans l'œil du poisson que dans celui des animaux plus parfaits, parce que, l'eau étant plus dense que l'air de l'atmosphère, les réfractions et par conséquent la réunion que peuvent subir les rayons de la lumière en passant de l'eau dans l'œil du poisson, doivent être moins considérables que celles que ces rayons éprouvent en entrant de l'air dans l'œil des quadrupèdes ou des oiseaux.

La conformation de l'œil des poissons répond à cette objection. Le cristallin est beaucoup plus convexe que celui des oiseaux, des quadrupèdes et de l'homme. Il est presque sphérique ; les rayons émanés des objets et qui tombent sur ce cristallin formant avec sa surface un angle plus aigu, ils sont plus détournés de leur route, plus réfractés, plus réunis en une image ; car cette déviation à laquelle le nom de réfraction a été donné est d'autant plus grande que l'angle d'incidence est plus petit. D'ailleurs, le cristallin des poissons est, par sa nature, plus dense que celui des animaux plus parfaits ; son essence augmente donc la réfraction. De plus, plus une substance transparente est inflammable, plus elle réfracte la lumière avec force. Or, le cristallin des poissons, imprégné d'une matière huileuse, est plus combustible que presque tous les autres cristallins. Il doit donc, par cela seul, accroître la déviation de la lumière.

Ajoutons que, dans plusieurs espèces de poissons, l'œil peut être retiré à volonté dans le fond de l'orbite, caché même en partie sous le bord de l'ouverture par laquelle on peut l'apercevoir, garanti, dans cette circonstance, par cette sorte de paupière immobile ; et ne manquons pas surtout de faire remarquer que les poissons, pouvant s'enfoncer avec promptitude jusque dans les profondeurs des mers et des rivières, vont chercher dans l'épaisseur des eaux un abri contre une lumière trop vive, et se réfugient, quand ils le veulent, jusqu'à cette distance de la surface des fleuves et de l'Océan où les rayons du soleil ne peuvent plus pénétrer.

Nous devons avouer néanmoins qu'il est certaines espèces, particulièrement parmi les poissons serpentiformes, dont les yeux sont constamment voilés par une membrane immobile, assez épaisse pour que le sens de la vue soit plus faible dans ces animaux que celui de l'ouïe et même que celui du toucher. En général, voici dans quel ordre ont été données aux poissons les sources de leur sensibilité : l'odorat, la vue, l'ouïe, le toucher et le goût. Quatre de ces sources et surtout les deux premières sont assez abondantes.

Cependant, le jeu de l'organe respiratoire des poissons leur communique trop peu de chaleur ; celle qui leur est propre

est trop faible; leurs muscles l'emportent trop par leur force
sur celle de leurs nerfs; plusieurs autres causes, que nous
exposerons dans la suite, combattent par une puissance trop
grande les effets de leurs sens pour que leur sensibilité
soit aussi vive qu'on pourrait être tenté de le croire d'après la
grandeur, la dissémination, la division de leur système
nerveux.

.... Arrivons à un des traits caractéristiques de l'organisation
des poissons. Leur corps est presque toujours paré des plus
belles couleurs. Nous pouvons dès maintenant exposer comment se produisent ces nuances si éclatantes, si admirablement

Maigre.

contractées, souvent distribuées avec tant de symétrie et
quelquefois si fugitives.

Ou ces teintes, si ornées et si agréables, résident dans les
téguments plus ou moins mous et dans le corps même des
poissons, indépendamment des écailles qui peuvent recouvrir
l'animal, — ou elles sont le produit de la modification que la
lumière éprouve en passant au travers des écailles transparentes, — ou il faut les rapporter uniquement à ces écailles
transparentes ou opaques.

Examinons ces trois hypothèses.

Les parties molles des poissons peuvent, par elles-mêmes,

présenter toutes les couleurs. Suivant que les ramifications artérielles, qui serpentent au milieu des muscles et qui s'approchent de la surface extérieure, sont plus ou moins nombreuses et plus ou moins sensibles, les parties molles de
l'animal sont blanches ou rouges. Les différents sucs nourriciers
qui circulent dans les vaisseaux absorbants ou qui s'insinuent
dans le tissu cellulaire, peuvent donner à ces mêmes parties
molles la couleur jaune ou verdâtre que plusieurs de ces
liquides présentent le plus souvent. Les veines disséminées
dans ces mêmes portions peuvent leur faire présenter toutes
les nuances de bleu, de violet et de pourpre ; ces nuances de
bleu et de violet, mêlées avec celles du jaune, ne doivent-elles
pas faire paraître tous les degrés de vert? Et dès lors, les sept
couleurs du spectre solaire ne peuvent-elles pas décorer le
corps des poissons, être disséminées en taches, en bandes, en
raies, en petits points, suivant la place qu'occupent les matières qui les font naître ; montrer toutes les dégradations dont
elles sont susceptibles selon l'intensité de la cause qui les
produit et présenter toutes ces apparences sans le concours
d'une seule écaille?

Si des lames très transparentes et pour ainsi dire sans couleur sont étendues au-dessus de ces teintes, elles n'en changent
pas la nature ; elles ajoutent seulement, comme par une sorte
de vernis léger, à leur vivacité ; elles leur donnent l'éclat
brillant des métaux polis, si elles sont dorées ou argentées ; et
si elles ont d'autres nuances qui leur soient propres, ces
nuances se mêlent nécessairement avec celles que l'on aperçoit
au travers de ces plaques diaphanes, et il en résulte de nouvelles couleurs ou une vivacité nouvelle pour les teintes con-
servées. C'est par la réunion de toutes ces causes que sont
produites les couleurs admirables que l'on remarque sur la
plupart des poissons. Aucune classe d'animaux n'a été aussi
favorisée à cet égard ; aucune n'a reçu une parure plus élégante, plus variée, plus riche. Que ceux qui ont vu, par

exemple, des zées, des chétodons, des spares, nager près de
la surface d'une eau tranquille et réfléchir les rayons d'un soleil
brillant, disent si jamais l'éclat des plumes du paon et du
colibri, la vivacité du diamant, la splendeur de l'or, les reflets
des pierres précieuses ont été mêlés à plus de feu et ont ren-
voyé à l'œil de l'observateur des images plus parfaites de cet
arc merveilleusement coloré, dont l'astre du jour fait souvent
le plus bel ornement des cieux.

Les couleurs cependant qui appartiennent en propre aux
plaques transparentes ou opaques n'offrent pas toujours une
seule nuance sur chaque écaille considérée en particulier ;
chacune de ces lames peut avoir des bandes, des taches ou
des rayons disposés sur un fond très différent, et en cherchant
à concevoir comment ces nuances se sont produites ou ont
été obtenues sur des écailles dont la substance s'altère et
dont, par conséquent, la matière se renouvelle à chaque
instant, nous rencontrerons quelques difficultés que nous
devons d'autant plus chercher à lever, qu'en les écartant,
nous exposerons des vérités utiles au progrès des sciences
physiques.

Ces écailles, soit que les molécules qui les composent
s'étendent en lames minces, se ramassent en plaques épaisses,
se groupent en tubercules, s'élèvent en aiguillons, et que, plus
ou moins mélangées avec d'autres molécules, elles arrêtent ou
laissent passer facilement la lumière, ont toujours les plus
grands rapports avec les cheveux de l'homme, les poils, la
corne, les ongles des quadrupèdes, les piquants du hérisson
et du porc-épic, et les plumes des oiseaux.

La matière qui les produit, apportée à la surface du corps ou
par des ramifications artérielles, ou par des vaisseaux excréteurs plus ou moins liés avec le système général des vaisseaux
absorbants, est toujours très rapprochée, et par son origine, et
par son essence, et par sa contexture, des poils, des ongles,
des piquants et des plumes. D'habiles physiologistes ont montré

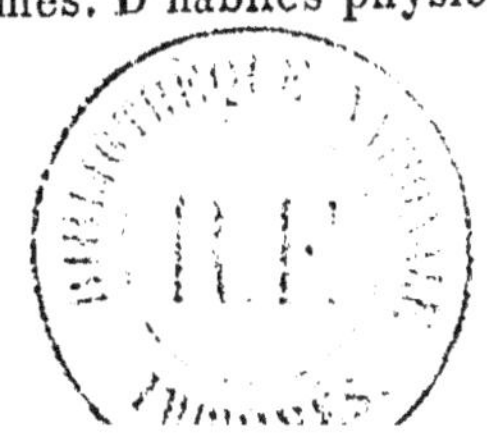

les rapports qui existent entre ces diverses parties des corps des animaux : en leur comparant les écailles des poissons, nous trouvons la même analogie. Retenues par de petits vaisseaux, attachées aux téguments comme les poils, elle sont de même très peu corruptibles; exposées au feu, elles répandent également une odeur empyreumatique.

Si l'on a trouvé quelquefois dans l'épiploon et dans d'autres parties intérieures de quelques quadrupèdes, des espèces de touffes, des rudiments de poils réunis et agglomérés, on voit autour du péritoine, de la vessie natatoire et des intestins des argentines, des ésoces et d'autres poissons, des éléments d'écailles très distincts, une sorte de poussière argentée, un grand nombre de petites lames brillantes et qui ne diffèrent presque que par la grandeur des véritables écailles qu'elles sont destinées à former. Enfin, pour ne pas négliger les moindres petits traits, de même que dans l'homme et les quadrupèdes on ne voit pas de poils dans la paume des mains ni des pieds, on ne rencontre presque jamais d'écailles sur les nageoires, et on n'en trouve jamais sur celles que l'on a comparées aux mains de l'homme, à ses pieds ou aux pattes des quadrupèdes.

Lors donc que ces lames si semblables aux poils sont attachées à la peau par toute leur circonférence, on conçoit aisément comment, appliquées au corps de l'animal par toute leur surface inférieure, elles peuvent communiquer dans les divers points de cette surface avec des vaisseaux semblables ou différents par leur diamètre, leur figure, leur nature et leur force, recevoir par conséquent dans ces mêmes points des molécules différentes et présenter comme une seule couleur, ou offrir plusieurs nuances arrangées symétriquement ou disséminées sans ordre.

On conçoit encore comment, lorsque les écailles ne tiennent aux téguments que par une partie de leur contour, elles peuvent être peintes d'une couleur quelconque, suivant que les molécules qui leur arrivent par l'endroit où elles touchent à

Sèche. — Huîtres. — Polypier.

la peau, réfléchissent tel ou tel rayon et reçoivent les autres.
.... Mais de quelque manière et dans quelque partie du

corps de l'animal que soit élaborée la matière propre à former ou entretenir les écailles, nous n'avons pas besoin de dire que ces principes doivent être modifiés par la nature des aliments que le poisson préfère.

On peut remarquer particulièrement que presque tous les poissons qui se nourrissent des animaux à coquilles présentent des couleurs très variées et très éclatantes. Et comment des êtres organisés, tels que les testacés dont les sucs teignent d'une manière très vive et très diversifiée l'enveloppe solide qu'ils forment, ne conserveraient-ils pas assez de leurs propriétés pour colorer d'une manière très brillante les rudiments écailleux dont leurs produits composent la base?

On conclura non moins aisément de tout ce que nous venons d'exposer, que dans toutes les plages où une quantité de lumière plus abondante pourra pénétrer dans le sein des eaux, les poissons se montreront parés d'un plus grand nombre de riches nuances. Et, en effet, ceux qui resplendissent comme les métaux les plus polis ou comme les gemmes les plus précieuses, se trouvent ordinairement dans ces mers enfermées entre les deux tropiques, et dont la surface est si fréquemment inondée des rayons d'un soleil régnant sans nuages, et pouvant, sans contrainte, remplir l'atmosphère de sa vive splendeur.

On les rencontre aussi, ces poissons décorés avec tant de magnificence, au milieu de ces mers polaires, où des montagnes de glace et des neiges éternelles, durcies par le froid, réfléchissent, multiplient par des milliers de surfaces et rendent éblouissante la lumière que la lune et les aurores boréales répandent pendant les longues nuits des zones glacées, et celle qu'y verse le soleil pendant les longs jours de ces plages hyperboréennes.

Si les poissons qui habitent au milieu ou au-dessous des masses gelées, mais fréquemment illuminées et resplendissantes, l'emportent par la variété et la beauté de leurs cou-

leurs sur ceux des zones tempérées, ils cèdent cependant en
richesse de parure à ceux qui vivent dans les eaux échauffées
de la zone torride. Dans ces pays, dont l'atmosphère est
brûlante, la chaleur ne doit-elle pas donner une nouvelle
activité à la lumière, accroître la force attractive de ce fluide,
faciliter ses combinaisons avec la matière des écailles, et donner ainsi naissance à des nuances bien plus éclatantes et bien
plus diversifiées. Aussi, dans ces climats où tout porte l'empreinte de la puissance solaire, voit-on quelques espèces de
poissons montrer, jusque sur la portion découverte de la membrane de leurs branchies, des éléments d'écailles luisantes,
une sorte de poussière argentée.

Mais ce n'est qu'au milieu des ondes douces ou salées que
les poissons peuvent présenter leur décoration élégante et
superbe. Ce n'est qu'au milieu du fluide le plus analogue à
leur nature que, jouissant de toutes leurs facultés, ils animent
leurs couleurs par tous les mouvements intérieurs que leurs
ressorts leur permettent de produire. Ce n'est qu'au milieu
de l'eau qu'indépendamment du vernis huileux et transparent
élaboré dans leurs organes, leurs nuances sont embellies par
un second vernis que forment les couches de liquide au travers
desquelles on les aperçoit.

Lorsque ces animaux sont hors de ce fluide, leurs forces
diminuent, leur vie s'affaiblit, leurs mouvements se ralen-
tissent, leurs couleurs se fanent, le suc visqueux se dessèche.
Les écailles, n'étant plus ramollies par cette substance huileuse, ni humectées par l'eau, s'altèrent; les vaisseaux destinés à les réparer s'obstruent, et les nuances dues aux écailles
ou au corps même de l'animal changent et souvent disparaissent, sans qu'aucune nouvelle teinte indique la place
qu'elles occupaient.

Pendant que le poisson jouit, au milieu du fluide qu'il
préfère, de toute l'activité dont il peut être doué, ses teintes
offrent aussi quelquefois des changements fréquents et rapides,

soit dans leurs nuances, soit dans leur ton, soit dans l'espace
sur lequel elles sont étendues. Des mouvements violents, des
sentiments plus ou moins puissants, tels que la colère ou la
crainte, des sensations soudaines de froid et de chaud, peuvent faire naître ces altérations de couleur très analogues à
celles qu'on remarque dans le caméléon, ainsi que dans plusieurs autres animaux ; mais il est aisé de voir que ces changements ne peuvent avoir lieu que dans les teintes produites,
en tout ou en partie, par le sang et les autres liquides susceptibles d'être pressés ou ralentis dans leur cours.

V

Nous avons exposé les formes extérieures et les organes
intérieurs du poisson ; il se montre dans toute sa puissance et
dans toute sa beauté. Il existe devant nous, il respire, il vit,
il est sensible. Qu'il obéisse aux impétuosités de la nature,
qu'il déploie toutes ses forces, qu'il s'offre à nous dans toutes
ses habitudes.

A peine le soleil du printemps commence-t-il à répandre
sa chaleur vivifiante ; à peine son influence rénovatrice et
irrésistible pénètre-t-elle jusque dans la profondeur des eaux,
qu'un organe particulier se développe chez les poissons.

C'est celui de la reproduction. Renfermés dans une membrane
qui les sépare des parties avoisinantes, les œufs, d'abord
imperceptibles, se développent. Dans la plus grande partie
des familles, dont nous faisons l'histoire, leur volume est très
petit, leur figure presque ronde, et leur nombre si grand
qu'il est plusieurs espèces de poissons, et particulièrement les

gades, dont une seule femelle contient plus de neuf millions d'œufs (1).

Lorsque ces œufs ont pris tout leur accroissement, c'est-à-dire à l'époque du *frai*, on voit ceux des poissons qui habitent la haute mer s'approcher des rivages ou remonter les grands fleuves, et ceux qui vivent habituellement au milieu des eaux douces, s'élever vers les sources des rivières et des ruisseaux, ou descendre, au contraire, vers les côtes maritimes.

Tous cherchent des abris plus sûrs, et d'ailleurs tous veulent trouver une température plus analogue à leur organisation, une nourriture plus abondante ou plus convenable, une eau d'une qualité plus adaptée à leur nature et à leur état, des fonds commodes où ils ne soient ni trop éloignés de la douce chaleur de la surface des eaux, ni trop dérobés à l'influence bienfaisante de la lumière.

.... Les œufs, en effet, ne peuvent se développer et éclore que lorsqu'ils sont, selon les espèces, exposés à tel ou tel degré de chaleur, à telle ou telle quantité de rayons solaires ; que lorsqu'ils peuvent être aisément retenus, par les aspérités ou la nature du terrain, contre les flots trop agités ou des courants trop rapides, et d'ailleurs on peut assurer, pour un très grand nombre d'espèces, que si des matières altérées et trop actives s'attachent à ces œufs et n'en sont pas assez promptement séparées par le mouvement des eaux, ces mêmes œufs se corrompent et pourrissent.

On voit assez souvent des femelles dévorer immédiatement après la ponte une partie des œufs dont elles viennent de

_____

(1) Comme ces œufs sont tous à peu près égaux, et qu'ils sont également rapprochés les uns des autres, on peut en savoir facilement le nombre, en pesant d'abord la totalité de la masse et ensuite une faible portion de cette même masse. Il suffit de compter les œufs renfermés dans la petite portion et de multiplier le nombre trouvé autant de fois que le poids de la petite partie est contenu dans celui de l'ensemble, pour avoir un chiffre approximatif à peu près exact.

se débarrasser. C'est ce qui a donné lieu à l'opinion, assez longtemps et assez généralement accréditée, que certains poissons avaient un assez grand soin de leurs œufs pour les couver dans leurs gueules. Il n'en est rien; le poisson n'a reçu aucune espèce de sollicitude pour ses œufs; aussitôt pondus, il ne s'en inquiète plus, et on le voit aussitôt courir à de nouvelles chasses....

Nous ne nous arrêterons pas à réfuter l'erreur dans laquelle sont tombés plusieurs naturalistes qui ont cru que l'eau seule pouvait engendrer des poissons. Cette opinion, appuyée sur ce fait, indiscutable d'ailleurs, que l'on trouve assez fréquemment des poissons dans des pièces d'eau où l'on n'en avait vu aucun, où l'on n'avait porté aucun œuf et qui n'avaient de communication, ni avec la mer, ni avec aucun lac ou étang, ni avec aucune rivière, n'est néanmoins pas admissible. Pour expliquer ce fait, on doit se souvenir de la facilité avec laquelle les oiseaux d'eau ont pu transporter du frai de poisson, sur les membranes de leurs pattes, dans les pièces d'eau isolées dont nous venons de parler.

Le temps qui s'écoule entre le moment de la ponte et celui de l'éclosion varie selon les espèces; mais il ne paraît pas qu'il augmente toujours avec leur grandeur. Il est quelquefois de quarante et même de cinquante jours, et d'autres fois il n'est que de huit ou de neuf.

Lorsque c'est au bout de neuf jours que le poisson doit éclore, on voit, dès le second jour, un petit point animé entre le jaune et le blanc. On peut s'en assurer d'autant plus aisément que tous les œufs de poissons sont membraneux, et qu'ils sont clairs et transparents lorsqu'ils sont arrivés à leur maturité. Le troisième jour on distingue le cœur qui bat, le corps qui est attaché au jaune et la queue qui est libre. C'est vers le sixième jour que l'on aperçoit au travers des portions molles de l'embryon, qui sont très diaphanes, la colonne vertébrale, ce point d'appui des parties solides, et les côtes qui y sont réunies. Au septième jour, on remarque deux points noirs qui sont les yeux. Le défaut de place oblige le petit poisson de tenir sa queue repliée ; mais il s'agite avec vivacité et tourne sur lui-même en entraînant le jaune qui est attaché à son corps et en montrant ses nageoires pectorales qui sont formées les premières.

Enfin, le neuvième jour, un effort de la queue déchire la membrane de l'œuf parvenu alors à son plus haut point d'éclosion et de maturité. L'animal sort la queue la première, dégage sa tête, respire par le moyen d'une eau qui peut parvenir jusqu'à ses branchies sans traverser aucune membrane, et est animé par un sang dont le mouvement est à l'instant augmenté de près d'un tiers (1). Il croît dans les premières heures qui succèdent à ce nouvel état, presque autant que pendant les quinze ou vingt jours qui les suivent.

Dans plusieurs espèces, le poisson éclos conserve une partie du jaune de l'œuf dans une poche située au-dessous de son ventre. Il tire pendant plusieurs jours une partie de sa nourriture de cette matière qui bientôt s'épuise, et, à mesure qu'elle diminue, la bourse qui la contient s'affaisse, s'atténue et disparaît.

L'animal grandit ensuite avec plus ou moins de vitesse, selon la famille à laquelle il appartient ; et lorsqu'il est parvenu au dernier terme de son développement, il peut mesurer une longueur de plus de dix mètres (2). En comparant le poids, le volume et la figure de ces individus de dix mètres de longueur avec ceux qu'ils ont dû présenter à leur sortie de l'œuf, on trouve que, dans les poissons, la nature augmente quelquefois la matière de plus de seize mille fois.

Il serait important, ce nous semble, pour le progrès des sciences naturelles, de rechercher dans toutes les classes

____

(1) On compte soixante pulsations par minute dans un poisson éclos, et quarante dans ceux qui sont encore renfermés dans l'œuf.

(2) Tels que les *squales requins* et le *squale très grand*.

d'animaux la quantité d'accroissement, soit en masse, soit en volume, soit en longueur, soit en d'autres dimensions, depuis les premiers degrés jusqu'aux dernières limites du développement, et de comparer avec soin les résultats de tous les rapports qu'on trouverait.

Au reste, le nombre des grands poissons est bien plus considérable dans la mer que dans les fleuves et les rivières, et l'on peut observer d'ailleurs que presque toujours, et surtout dans les espèces féroces, les femelles, comme celles des oiseaux de proie avec lesquels nous avons déjà vu que les poissons carnassiers ont une analogie très marquée, sont plus grandes que les mâles.

Quelque étendu que soit le volume des poissons, ils nagent presque tous avec une très grande facilité. Ils ont, en effet, reçu plusieurs organes particuliers de nature à les faire changer rapidement de place au milieu de l'eau qu'ils habitent.

Leurs mouvements peuvent se réduire à l'action de descendre ou de monter et de s'avancer dans un plan horizontal, et se composent de ces deux actions.

« Les aquariums, construits depuis quelques années sur une grande échelle dont on n'avait nulle idée du temps de Lacépède, en permettant à chacun de se rendre compte de la vie des poissons, de leurs mœurs, de leurs habitudes, sont venus confirmer, si nous pouvons ainsi parler, les observations du continuateur de Buffon.

» Rien de plus curieux, de plus intéressant, que d'examiner avec soin, le livre de Lacépède à la main, un de ces beaux aquariums, tels, par exemple, que celui du jardin d'acclimatation. »

Examinons d'abord comment ils s'élèvent et s'enfoncent au sein des eaux. Presque tous les poissons, excepté ceux qui ont le corps très plat, comme les raies et les pleuronectes, ont un organe intérieur situé dans la partie la plus haute de l'abdomen, occupant le plus souvent toute la longueur de cette cavité, fréquemment attaché à la colonne vertébrale, et auquel nous conservons le nom de vessie natatoire.

Cette vessie est membraneuse, et varie beaucoup dans sa forme suivant les espèces de poissons dans lesquelles on l'observe. Elle est toujours allongée ; mais tantôt ses deux extrémités sont pointues, et tantôt arrondies ; tantôt la partie antérieure se divise en deux prolongations ; quelquefois elle

Aquarium.

est partagée transversalement en deux lobes creux qui communiquent ensemble, quelquefois ces deux lobes sont placés longitudinalement à côté l'un de l'autre ; il est des poissons dans lesquels elle présente trois et jusqu'à quatre cavités. Elle communique avec la partie antérieure, et quelquefois, mais rarement, avec la partie postérieure de l'estomac, par un petit tuyau nommé canal pneumatique qui aboutit au milieu ou à l'extrémité de la vessie la plus voisine de la tête si cet organe est simple, mais qui s'attache au lobe postérieur lorsqu’il y a deux lobes placés l’un devant l’autre. Ce conduit varie dans ses dimensions ainsi que dans ses sinuosités. Il transmet à la vessie natatoire, que l’on a aussi nommée aérienne, un gaz quelconque qui la gonfle, l’élève, la rend beaucoup plus légère que l’eau, et donne au poisson la faculté de s’élever au milieu de ce liquide.

Lorsque, au contraire, l’animal veut descendre, il comprime sa vessie natatoire par le moyen des muscles qui environnent cet organe ; le gaz qu’elle contient s’échappe par le conduit pneumatique, parvient à l’estomac, sort du corps par la gueule et par les ouvertures branchiales ; alors la pesanteur des parties solides ou molles du poisson entraîne l’animal plus ou moins rapidement au fond de l’eau.

…. Il ne suffit cependant pas aux poissons de monter et de descendre ; il faut encore qu’ils puissent exécuter des mouvements vers tous les points de l’horizon, afin qu’en combinant ces mouvements avec leurs ascensions et leurs descentes, ils s’avancent dans toutes sortes de directions perpendiculaires, inclinées ou parallèles à la surface des eaux. C’est principalement à leur queue qu’ils doivent la faculté de se mouvoir ainsi dans tous les sens. C’est cette partie de leur corps que nous avons vue s’agiter même dans l’œuf, en déchirer l’enveloppe et en sortir la première, qui, selon qu’elle est plus ou moins longue, plus ou moins libre, plus ou moins animée par des muscles puissants, pousse en avant, avec plus ou moins de force, le corps entier de l’animal.

Que l’on regarde un poisson s’élancer au milieu de l’eau, on le verra frapper vivement le fluide, en portant rapidement sa queue à droite et à gauche. Cette partie, qui se meut sur la portion postérieure du corps comme sur un pivot, rencontre obliquement les couches latérales du fluide contre lesquelles elle agit ; elle laisse d’ailleurs si peu d’intervalle entre les coups qu’elle donne d’un côté et de l’autre, que l’effet de ces impulsions successives équivaut à celui des deux

actions simultanées, et dès lors, il n'est aucun physicien qui
ne voie que le corps, pressé entre les deux réactions obliques
de l'eau, doit s'échapper par la diagonale de ces deux forces,
laquelle se confond avec la direction du corps et de la tête du
poisson. Il est évident que plus la queue est aplatie par les
côtés, plus elle tend à écarter l'eau sur une grande surface,
et plus elle est repoussée avec vivacité, plus elle contraint l'animal
à s'avancer avec promptitude. Voilà pourquoi, plus la nageoire
qui termine la queue et qui est placée verticalement présente
une grande étendue, plus elle accroît la puissance du levier
qu'elle allonge et dont elle augmente les points de contact.

C'est en se servant avec adresse de cet organe puissant,
en variant l'action de cette queue presque toujours si mobile,
en accroissant sa vitesse par toutes leurs forces ou en tem-
pérant sa rapidité, en la portant d'un côté plus vivement
que d'un autre, en la repliant jusque vers la tête et en la
débandant ensuite comme un ressort violent, surtout lorsqu'ils
nagent en partie au-dessus de la surface de l'eau, que les poissons accélèrent, retardent leur mouvement, changent leur
direction, se tournent, se retournent, se précipitent, s'é-
lancent au-dessus du fluide auquel ils appartiennent, franchissent de hautes cataractes et sautent jusqu'à plusieurs
mètres de hauteur.

La queue de ces animaux, cet instrument redoutable d'attaque ou de défense, est donc non seulement le premier gou-
vernail, mais encore la principale rame des poissons ; ils en
aident l'action par leurs nageoires pectorales.

Ces nageoires, s'étendant ou se resserrant à mesure
que les rayons qui les soutiennent s'écartent ou se rapprochent, pouvant d'ailleurs être mues sous diverses inclinai-
sons et avec des vitesses très inégales, servent aux poissons
non seulement pour hâter leur mouvement progressif, mais
encore pour le modifier, pour tourner à droite et à gauche,
et même pour aller en arrière lorsqu'elles se déploient en

repoussant l'eau antérieure et qu'elles se replient au contraire en frappant l'eau exposée à cette dernière. En tout, le jeu et l'effet de ces nageoires pectorales sont très semblables à ceux des pieds palmés des canards, des oies et des autres oiseaux d'eau. Il en est de même des nageoires inférieures, dont l'action est cependant ordinairement moins grande que celle des nageoires pectorales, parce qu'elles présentent presque toujours une surface moins étendue.

A l'égard des nageoires de l'extrémité inférieure du corps, l'un de leurs principaux usages est d'abaisser le centre de gravité de l'animal et de le maintenir d'une manière plus stable dans la position qui lui convient le mieux.

Lorsqu'elles s'étendent jusque sur la nageoire caudale, elles augmentent la surface de la queue, et par conséquent, elles concourent à la rapidité de la natation. Elles peuvent ainsi changer sa direction en se déployant et en se repliant alternativement, en tout ou en partie, et en mettant ainsi une inégalité plus ou moins grande entre l'impulsion communiquée à droite et celle qui est reçue à gauche.

Si les nageoires dorsales règnent au-dessus de la queue, elles influent de la même manière sur la route que suit l'animal et sur la rapidité de ses mouvements ; elles peuvent aussi, par leurs diverses ondulations et par les différents plans inclinés qu'elles présentent à l'eau et avec lesquels elles frappent ce fluide, augmenter les moyens qu'a le poisson pour suivre telle ou telle direction. Elles doivent encore, lorsque le poisson est exposé à des courants qui le prennent en travers, contribuer à conserver l'équilibre de l'animal....

Je n'ai pas besoin de faire remarquer comment le jeu de la queue et des nageoires, qui fait avancer les poissons, peut les porter en haut et en bas, indépendamment de tout gonflement du corps et de toute dilatation de la vessie natatoire, lorsqu'au moment de leur départ leur corps est incliné et leur tête élevée au-dessus du plan horizontal ou abaissée au-dessous

de ce même plan. On verra avec la même facilité que ceux
de ces animaux qui ont le corps très déprimé de haut en bas,
comme les raies et les pleuronectes, peuvent, tout égal d'ailleurs, lutter pendant plus de temps et avec plus d'avantage
contre un courant rapide, pour peu qu'ils tiennent la partie
antérieure de leurs corps un peu élevée, parce qu'alors ils
présentent à l'eau un plan incliné que ce fluide tend à soulever,
ce qui permet à l'animal de n'employer presque aucun effort
pour se soutenir à telle ou telle hauteur, mais de réunir toutes
ses forces pour accroître son mouvement progressif.

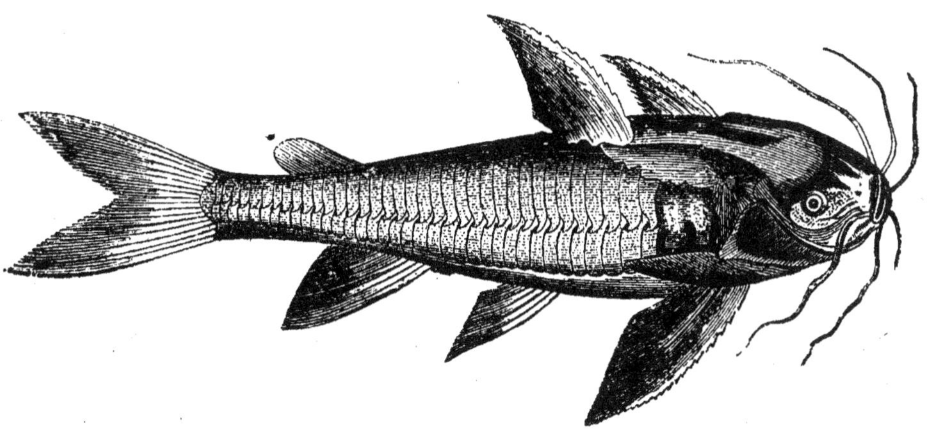

Poisson soldat (cataphracte callichthe), genre siluroïde.

Enfin on observera sans peine que si le principe le plus
actif de la natation est dans la queue, c'est dans la trop grande
longueur de sa tête et dans les prolongations qui l'étendent
en avant que se trouvent les principaux obstacles à la vitesse,
c'est dans les parties antérieures que se trouve la cause
retardatrice ; dans les postérieures est, au contraire, la puissance accélératrice. Le rapport de cette cause et de cette
puissance détermine la rapidité de la natation du poisson.

De cette même proportion dépend, par conséquent, la faculté
plus ou moins grande avec laquelle ils peuvent chercher l'ali-

ment qui leur convient. Quelques-uns se contentent, au moins souvent, de plantes marines et particulièrement d'algues ; d'autres vont chercher dans la vase des débris de corps organisés, et c'est de ceux-ci que l'on a dit qu'ils vivaient de limon ; il en est encore qui ont un goût très vif pour des graines ou d'autres parties de végétaux terrestres ou fluviatiles ; mais le plus grand nombre de poissons préfèrent des vers marins, de rivière ou de terre, des insectes aquatiques, des œufs pondus par leurs femelles, de jeunes individus de leur classe, et, en général, tous les animaux qu'ils peuvent rencontrer sous les eaux, saisir et dévorer, sans éprouver une résistance trop dangereuse.

Les poissons peuvent, dans un espace de temps très court, avaler une très grande quantité de nourriture ; mais ils peuvent aussi vivre sans manger pendant un très grand nombre de jours, même pendant plusieurs mois et quelquefois pendant plus d'un an.

Nous ne répéterons pas ici ce que nous avons dit sur un phénomène semblable, en traitant des quadrupèdes ovipares et des serpents, qui quelquefois sont aussi plus d'un an sans prendre de nourriture.

Les poissons, dont les vaisseaux sanguins, ainsi que ceux des reptiles et des quadrupèdes ovipares, sont parcourus par un fluide très peu échauffé, et dont le corps est recouvert d'écailles et de téguments visqueux et huilés, doivent habituellement perdre trop peu de leur substance pour avoir besoin de réparations très copieuses et très fréquentes. Aussi, non seulement ils vivent et jouissent de leur vivacité ordinaire, malgré une abstinence très prolongée ; mais ces longs jeûnes ne les empêchent pas de se développer, de croître et de produire, dans leurs tissus cellulaires, cette matière onctueuse à laquelle le nom de graisse a été donné.

On conçoit très aisément comment il suffit à un animal de ne pas laisser échapper beaucoup de substance pour ne pas diminuer très sensiblement dans son volume ou dans ses forces, quoiqu'il ne reçoive cependant qu'une quantité extrêmement petite de matière nouvelle; mais qu'il s'étende, qu'il se développe, qu'il présente des dimensions plus grandes et une masse plus pesante, quoique n'ayant pris, depuis un très long temps, aucun aliment, quoique n'ayant introduit, par exemple, depuis plus d'un an, dans son corps aucune substance réparatrice et nutritive, on ne peut le comprendre.

Il faut qu'une matière véritablement alimentaire maintienne et accroisse la substance des poissons, pendant le temps plus ou moins long où on est assuré qu'ils ne prennent d'ailleurs aucune portion de leur nourriture ordinaire. Cette matière les touche, les environne, les pénètre sans cesse. Il n'est, en effet, aucun physicien qui ne sache maintenant combien l'eau est nourrissante lorsqu'elle a subi certaines combinaisons.... Or, c'est au milieu de cette eau que les poissons sont continuellement plongés; elle baigne toute leur surface; elle parcourt leur canal intestinal, elle remplit plusieurs de leurs cavités, et pompée par des vaisseaux absorbants, ne peut-elle pas éprouver, dans les glandes qui réunissent le système de ces vaisseaux ou dans d'autres de leurs organes intérieurs, des combinaisons et des décompositions telles qu'elle devienne une véritable substance nutritive et augmentative de celle des poissons? Voilà pourquoi nous voyons des carpes, suspendues en dehors de l'eau et auxquelles on ne donne aucune nourriture, vivre longtemps et même s'engraisser d'une manière très remarquable, si on les arrose très fréquemment, et si on les entoure de mousse ou d'autres végétaux qui conservent une humidité abondante sur toute la surface de leur corps.

Le fluide dans lequel les poissons sont plongés peut donc, non seulement les préserver de cette sensation douloureuse que l'on a nommée soif, qui provient de la sécheresse de la bouche et du canal alimentaire, et qui, par conséquent, ne doit jamais exister au milieu des eaux, mais entretenir leur vie, réparer leurs pertes, accroître leur substance, et les voilà liés par de nouveaux rapports avec les végétaux. Il ne peut cependant pas les délivrer, au moins totalement, du tourment de la faim; cet aiguillon pressant agite surtout les grandes espèces qui ont besoin d'aliments plus copieux, plus actifs et plus souvent renouvelés. Telle est la cause irrésistible qui maintient dans un état de guerre perpétuelle les nombreuses classes des poissons, les fait continuellement passer de l'attaque à la défense et de la défense à l'attaque, les rend tour à tour tyrans et victimes, et convertit en champs de carnage la vaste étendue des mers et des rivières.

Nous avons déjà compté les armes offensives et défensives que la nature a départies à ces animaux, presque tous condamnés à d'éternels combats. Quelques-uns d'eux ont aussi reçu, pour atteindre ou repousser leur ennemi, une faculté remarquable. Nous l'observerons dans la raie torpille et dans un tétrodan, dans un gymnote, dans un silure. Nous les verrons atteindre au loin par une puissance invisible, frapper avec la rapidité de l'éclair, mettre en mouvement ce fluide électrique qui, excité par l'art du physicien, brille, éclate, brise ou renverse dans nos laboratoires, et qui, condensé par la nature, resplendit dans les nuages et lance la foudre dans les airs.

Cette force merveilleuse, nous la verrons soudain se manifester par l'action de ces poissons privilégiés, parcourir avec vitesse tous les corps conducteurs d'électricité, s'arrêter devant ceux qui n'ont pas reçu cette qualité conductrice, faire jaillir des étincelles, produire de violentes commotions, donner une mort imprévue à des victimes éloignées, et transmise par les nerfs, anéantie par la soustraction du cerveau, quoique l'animal conserve encore ses facultés vitales, subsister quelque temps malgré le retranchement du cœur. Nous ne serons pas étonnés de savoir qu'elle appartient à des poissons à un degré que l'on n'a pas encore observé dans les autres êtres organisés, lorsque nous réfléchirons que ces animaux sont imprégnés d'une très grande quantité de matières huileuses analogues aux résines et aux substances dont le frottement fait naître les phénomènes de l'électricité.

On a écrit que plusieurs espèces de poissons avaient reçu, à la place de la vertu électrique, la funeste propriété de renfermer un poison actif. Cependant, avec quelque soin que nous ayons examiné ces espèces, nous n'avons trouvé, ni dans leurs dents, ni dans leurs aiguillons, aucune cavité, aucune conformation analogue à celles que l'on remarque, par exemple, dans les dents de la couleuvre-vipère, et qui sont propres à faire pénétrer une liqueur délétère jusqu'aux vaisseaux sanguins d'un animal blessé. Nous n'avons vu auprès de ces aiguillons, de ces dents, aucune poche, aucun organe contenant un

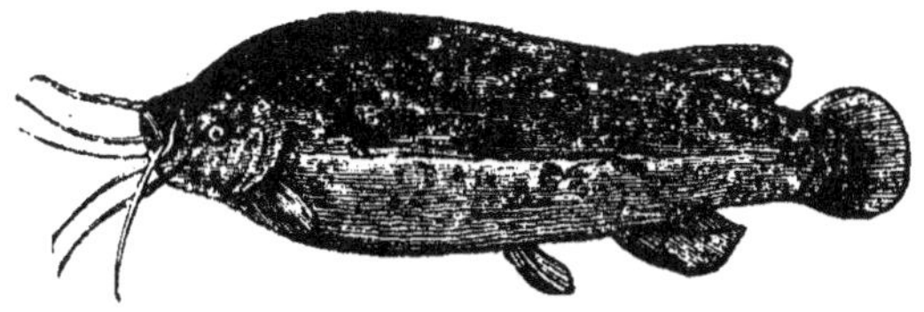

Malaptérure électrique.

suc particulier et vénéneux. Nous n'avons pu découvrir dans les autres parties du corps aucun réservoir de matière corrosive, de substance dangereuse, et nous sommes assuré que les accidents graves produits par la morsure des poissons ou par l'action de leurs piquants, ne doivent être imputés qu'à la nature des plaies faites par ces pointes ou par les dents de ces animaux.

On ne peut douter cependant que dans certaines contrées, particulièrement dans celles qui sont très voisines de la zone torride, dans la saison des chaleurs, ou dans d'autres circonstances de temps et de lieu, plusieurs des animaux que nous étudions ne renferment souvent, au moment où en les prend, une quantité assez considérable d'aliments vénéneux et même

mortels aussi bien pour l'homme que pour plusieurs oiseaux et
quadrupèdes, et cependant très peu nuisibles ou même complètement innocents pour des animaux à sang froid, imprégnés
d'huile, remplis de sucs digestifs d'une qualité particulière
et organisés comme les poissons.

Cette nourriture redoutable pour l'homme peut consister,
par exemple, en fruits du mancenillier ou d'autres végétaux,
et en débris de certains vers marins, dont les observateurs
connaissent depuis longtemps la malignité des sucs. Si des
poissons ainsi remplis de substances dangereuses sont préparés sans précaution, s'ils ne sont pas vidés avec le plus
grand soin, ils doivent produire les effets les plus funestes sur
l'homme, les quadrupèdes ou les oiseaux qui en mangent. On
peut même admettre qu'une longue habitude de ces aliments
vénéneux puisse dénaturer un poisson au point de faire partager à ses muscles, à ses sucs, à presque toutes ses parties, les
propriétés redoutables de la nourriture qu'il aura préférée, et
de le rendre capable de donner la mort à ceux qui mangeraient
de sa chair, quand bien même ses intestins auraient été
nettoyés avec la plus grande attention.

Mais il est aisé de voir que le poison n'appartient jamais aux
poissons, par une suite de leur nature ; que si quelques individus
le recèlent, ce n'est qu'une matière étrangère qui réforme leur
intérieur pendant des instants très courts, à moins que la
substance de ces individus en ayant été pénétrée, ils aient
subi une altération profonde.

On ne devra pas non plus manquer de considérer que lorsqu'on parcourt le vaste ensemble des êtres organisés, que l'on
commence par l'homme, et que, dans ce long examen, on
observe d'abord les animaux qui vivent dans l'atmosphère, on
n'aperçoit pas de qualités vénéneuses, avant d'être parvenu
à ceux dont le sang est froid.

Parmi les animaux qui ne respirent qu'au milieu des eaux,
la limite, en deçà de laquelle on ne rencontre ni armes ni

liqueurs empoisonnées, est encore plus reculée ; en un mot,
l'on ne voit d'êtres vénéneux par eux-mêmes que lorsqu'on a
passé au delà de ceux dont le sang est rouge.

VI

Continuons cependant de faire connaître tous les moyens
d'attaque et de défense accordés aux poissons. Indépendamment
de quelques manœuvres particulières que de petites espèces
mettent en usage contre des insectes qu'elles ne peuvent pas
attirer jusqu'à elles, presque tous les poissons emploient avec
constance et avec une sorte d'habileté les ressources de la ruse ;
il n'en est presque aucun qui ne tende des embûches à un
être plus faible ou moins attentif.

Nous verrons particulièrement ceux dont la tête est garnie de
petits filaments déliés et nommés barbillons, se cacher souvent
dans la vase, sous les saillies des rochers, au milieu des
plantes marines, ne laisser dépasser que ces barbillons qu'ils
agitent et qui ressemblent alors à de petits vers ; tâcher de
séduire, par ces appâts, les animaux marins ou fluviatiles,
qu'ils ne pourraient atteindre à la nage qu'en s'exposant à de
trop longues fatigues ; les attendre avec patience et les saisir
avec promptitude au moment de leur approche.

D'autres, ou avec leur bouche (1), ou avec leur queue (2),
ou avec leurs nageoires inférieures rapprochées en disque (3),
ou avec un organe particulier situé au-dessus de la tête (4),
s'attachent aux rochers, aux bois flottants, aux vaisseaux, aux

(1) Les pétromyzons.　　(2) Quelques murènes.
(3) Les cycloptères, etc.　　(4) Les échénéides.

poissons plus gros qu'eux, et, indépendamment de plusieurs causes qui les maintiennent dans cette position, y sont retenus par le désir d'un approvisionnement plus facile ou d'une garantie plus sûre. D'autres encore, tels que les anguilles, se ménagent, dans les cavités qu'ils creusent, des terriers qu'ils forment avec précaution et dont les issues sont pratiquées avec une sorte de soin, bien moins un abri contre le froid des hivers qu'un rempart contre des ennemis plus forts ou mieux armés.

Ils les évitent aussi quelquefois, ces ennemis dangereux, en employant la faculté de ramper que leur donne leur corps très allongé et serpentiforme, en s'élançant hors de l'eau et en allant chercher, pendant quelques instants, loin de ce fluide, non seulement une nourriture qui leur plaît et qu'ils y trouvent en plus grande abondance que dans la mer ou dans les fleuves, mais encore un asile plus sûr que toutes les retraites aquatiques.

Ceux enfin qui ont reçu des nageoires pectorales très étendues, très mobiles et composées de rayons faciles à rapprocher et à écarter, s'élancent dans l'atmosphère pour échapper à une poursuite funeste, frappent l'air par une grande surface avec beaucoup de rapidité, et, par un déploiement d'instrument ou une vitesse d'action moindre dans un sens que dans un autre, se soutiennent pendant quelques moments au-dessus de l'eau et ne retombent dans leur fluide natal qu'après avoir parcouru une courbe assez longue.

Il est des plages où ils fuient ainsi en troupes et où ils brillent d'une lueur phosphorescente assez sensible, lorsque c'est au milieu de l'obscurité des nuits qu'ils s'efforcent de se dérober à la mort. Ils représentent alors, par leur grand nombre, une sorte de nuage enflammé, ou pour mieux dire, de pluie de feu. On dirait, en les voyant, que ceux qui, lors de l'origine des mythologies, ont imaginé le pouvoir magique des anciennes enchanteresses et ont placé le palais et l'empire de ces redoutables magiciennes dans le sein ou au bord des ondes,

connaissaient, et ces légions lumineuses de poissons volants,
et cet éclat phosphorique de presque tous les poissons, et cette
espèce de foudre que lancent les poissons électriques.

Ce n'est donc pas seulement au fond des eaux, mais sur la
terre et au milieu de l'air, que certains poissons peuvent

Exocet ou poisson volant.

trouver quelques moments de sûreté. Mais que cette garantie
est passagère! Qu'en tout les moyens de défense sont inférieurs
à ceux d'attaque! Quelle dévastation s'opère à chaque instant
dans les mers et dans les fleuves! Combien d'embryons anéan-
tis! d'individus dévorés! Et combien d'espèces disparaîtraient

si presque toutes n'avaient reçu la plus grande fécondité !... La nature a placé de grandes ressources de reproduction où elle a allumé la guerre la plus constante et la plus cruelle !

Cependant, ce n'est pas uniquement par des courses très limitées que les poissons parviennent à se procurer leur proie ou à se dérober à leurs ennemis. Ils franchissent souvent de très grands intervalles, ils entreprennent de lointains voyages, et, conduits par la crainte ou excités par des appétits voraces, entraînés de proche en proche par le besoin d'une nourriture plus abondante ou plus substantielle, chassés par les tempêtes, transportés par les courants, attirés par une température plus convenable, ils traversent des mers immenses, ils vont d'un continent à un autre, et parcourent, dans tous les sens, la vaste étendue d'eau au milieu de laquelle ils sont placés.

Ces grandes migrations, ces fréquents changements ne présentent pas plus de régularité que les causes fortuites qui les produisent; ils ne sont soumis à aucun ordre, ils n'appartiennent point à l'espèce; ce ne sont que des actes individuels.

Il n'en est pas de même de ce concours périodique vers le rivage des mers, qui précède le temps de la ponte et de la fécondation des œufs.

Il n'en est pas de même non plus de ces ascensions régulières, exécutées chaque année avec tant de précision, qui peuplent pendant certaines saisons les fleuves, les rivières, les lacs et les ruisseaux les plus élevés sur le globe de tant de poissons attachés à l'onde amère pendant d'autres saisons, et qui dépendent non seulement des causes que nous avons énumérées plus haut, mais encore de ce besoin impérieux pour tous les animaux, d'exercer leurs facultés dans toute leur plénitude; de ce mobile si puissant de tant d'actions des êtres sensibles, qui impose à un si grand nombre de poissons le désir de nager dans une eau plus légère, de lutter contre des courants, de surmonter de fortes résistances, de rencontrer des obstacles difficiles à écarter, de se jouer, pour ainsi dire, avec les torrents et les cataractes, de trouver des aliments moins ordinaires dans la substance d'une eau moins salée, et peut-être de jouir d'autres sensations nouvelles.

Il n'en est pas encore de même de ces rétrogradations, de ces voyages en sens inverse, de ces descentes qui, de l'origine des ruisseaux et des fleuves, se propagent vers les côtes maritimes, et rendent à l'Océan tous les individus que l'eau douce et courante avait attirés.

Ces longues allées et venues, cette affluence vers les rivages, cette retraite vers la haute mer sont les gestes de l'espèce entière. Tous les individus réunis par la même con-

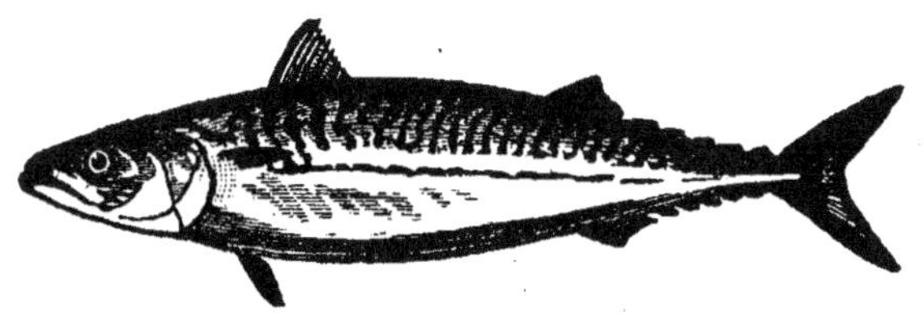

Maquereau.

formation, soumis aux mêmes causes, présentent les mêmes phénomènes.

Il faut néanmoins se bien garder de comprendre parmi ces voyages périodiques, constatés dans tous les temps et dans tous les lieux, de prétendues migrations régulières, indépendantes de celles que nous venons d'indiquer et que l'on a supposées dans quelques espèces de poissons, notamment dans les maquereaux et dans les harengs. On a fait arriver ces animaux en colonnes pressées, en légions rangées pour ainsi dire en ordre de bataille, en troupes conduites par des chefs. On les a fait partir des mers glaciales de notre hémisphère à des temps déterminés, s'avancer avec un concert toujours soutenu, s'approcher successivement de plusieurs côtes de l'Europe, conserver leurs dispositions, passer par des détroits, se diviser en plusieurs bandes, changer de direction, se porter vers l'Orient, tourner encore et revenir vers le Nord, toujours avec le même arrangement et pour ainsi dire avec la même fidélité. On a ajouté à cette narration, on a embelli les détails, on a tiré des conséquences multipliées, et cependant on peut voir dans d'excellents ouvrages combien de faits très constants prouvent que lorsqu'on a réduit à leur juste valeur les récits merveilleux dont nous venons de donner une idée, on ne trouve dans les maquereaux et dans les harengs que des animaux qui vivent, pendant la plus grande partie de l'année, dans la profondeur de la haute mer, et qui dans d'autres saisons se rapprochent, comme presque tous les autres poissons pélagiens, des rivages les plus voisins et les plus analogues à leurs besoins et à leurs désirs.

Au reste, tous ces voyages périodiques et fortuits, tous ces déplacements réguliers, toutes ces courses irrégulières peuvent être exécutés par les poissons avec une vitesse très grande et très longtemps prolongée. On a vu de ces animaux s'attacher pour ainsi dire à des vaisseaux destinés à traverser de vastes mers, les accompagner, par exemple, d'Amérique en Europe, les suivre avec constance malgré la violence du vent qui poussait les bâtiments, ne pas les perdre de vue, souvent les précéder ou les suivre, revenir vers les embarcations, aller en sens contraire, se retourner, les attendre, les dépasser de nouveau, et, regagnant après un court repos le temps qu'ils avaient en quelque sorte perdu dans ces espèces de halte, arriver en même temps que les navigateurs sur les côtes européennes.

En réunissant ces faits à ceux qui ont été observés dans des fleuves d'un cours très long et très rapide, nous nous sommes assuré, ainsi que nous l'exposerons dans l'histoire des saumons, que les poissons peuvent présenter une vitesse telle que, dans une eau tranquille, ils parcourent deux cent quatre-vingt-huit hectomètres par heure, huit mètres par seconde, c’est-à-dire un espace douze fois plus plus grand que celui sur lequel les eaux de la Seine s’étendent dans le même temps, et presque égal à celui qu’un renne fait franchir à un traîneau également dans une seconde.

Pouvant se mouvoir avec cette rapidité, comment les poissons ne vogueraient-ils pas à de grandes distances, lorsque, en quelque sorte, aucun obstacle ne se présente à eux? En effet, ils ne sont point arrêtés dans leurs migrations comme les quadrupèdes par des forêts impénétrables, de hautes montagnes, des déserts brûlants; ni comme les oiseaux par le froid de l’atmosphère au-dessus des cimes congelées des monts les plus élevés; ils trouvent dans presque toutes les

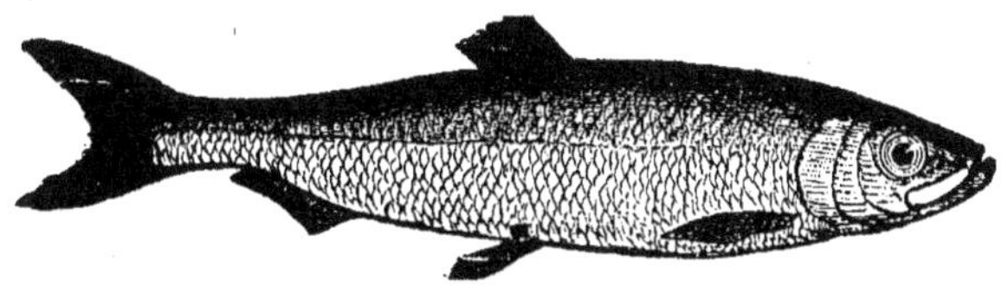

Hareng.

portions des mers une nourriture abondante et une tempérarature à peu près égale. Et quelle est la barrière qui pourrait s’opposer à leur course au milieu d’un fluide qui leur résiste à peine et se divise si facilement à leur approche.

D’ailleurs, non seulement ils n’éprouvent pas dans le sein des ondes de frottements pénibles, mais toutes leurs parties étant de très peu moins légères que l’eau et surtout que l’eau salée, les portions supérieures de leur corps, soutenues par le liquide dans lequel elles sont plongées, n’exercent pas une très grande pression sur les inférieures, et l’animal n’est pas contraint d’employer une grande force pour contre-balancer les effets d’une pesanteur peu considérable.

Les poissons ont cependant besoin de se livrer de temps

en temps au repos et même au sommeil. Lorsque, au moment
où ils commencent à s'endormir, leur vessie natatoire est très
gonflée et remplie d'un gaz très léger, ils peuvent être soutenus à différentes hauteurs par leur seule légèreté, glisser
sans efforts entre deux couches de fluide sans cesser d'être
plongés dans un sommeil paisible que ne trouble pas un mouvement très doux et indépendant de leur volonté.

Leurs muscles sont néanmoins si irritables qu'ils ne dorment
profondément que lorsqu'ils reposent sur un fond stable,
ou qu'éloignés de la surface des eaux et cachés dans une
retraite obscure, ils ne reçoivent presque aucun rayon de
lumière dans des yeux qu'aucune paupière ne garantit, qu'aucune membrane dirigeante ne voile, et qui, par conséquent,
sont toujours ouverts.

VII

Maintenant, si nous portons notre vue en arrière et si nous
comparons les résultats de toutes les observations que nous
venons de faire et dont on trouvera les détails et les preuves
dans la suite de cette histoire (1), nous admettrons dans les
poissons un instinct qui, en s'affaiblissant dans les osseux,
dont le corps est très aplati, s'accentue au contraire dans ceux
qui ont un corps serpentiforme, s'accroît encore dans

(1) Suite que nous ne donnerons pas, les limites qui nous sont posées
dans ce volume nous forçant de nous borner à reproduire la vue d'ensemble intitulée par Lacépède : *Discours sur la nature des poissons*, suivie
de l'introduction à l'histoire des *Cétacés*, et à laisser l'histoire détaillée
de chaque famille et de chaque espèce de ces animaux, sauf cependant
deux de ces histoires, que nous reproduirons à titre de modèles du genre :
l'histoire des *porte-glaives* et celle des *anguilles-murènes*.

Migration des saumons.

presque tous les cartilagineux, et peut-être paraîtra dans toutes les espèces bien plus vif et plus étendu qu'on ne l'aurait pensé.

On en sera plus convaincu lorsqu'on connaîtra qu'avec très peu de soins on peut les apprivoiser, les rendre familiers.

Ce fait bien connu des anciens a été très souvent vérifié dans les temps modernes. Il y a, par exemple, bien plus d'un siècle que l'on sait que des poissons nourris dans les bassins du Jardin de Paris, désigné sous le nom de *Jardin des Tuileries*, accouraient lorsqu'on les appelait, et particulièrement lorsqu'on prononçait le nom qu'on leur avait donné. Ceux à qui l'éducation des poissons n'est pas étrangère, n'ignorent pas que, dans les étangs d'une grande partie de l'Allemagne, on accoutume les truites, les carpes et les tanches à se rassembler au son d'une cloche et à venir prendre la nourriture qu'on leur donne. On a même observé assez souvent ces habitudes pour savoir que les espèces qui ne se contentent pas de débris d'animaux ou de végétaux trouvés dans la fange, ni même de petits vers ou d'insectes aquatiques, s'apprivoisent plus promptement et s'attachent, pour ainsi dire, davantage à la main qui les nourrit, parce que dans les bassins où on les renferme elles ont plus besoin d'assistance pour ne pas manquer de l'aliment qui leur est nécessaire.

A la vérité, leur organisation ne leur permet de faire entendre aucune voix ; ils ne peuvent proférer aucun cri ; ils n'ont reçu aucun véritable instrument sonore, et, s'il est quelques-uns de ces animaux chez lesquels la crainte ou la surprise produisent une sorte de bruit, ce n'est qu'un bruissement assez sourd, un sifflement imparfait, occasionné par les gaz qui sortent avec vitesse de leur corps subitement comprimé, et qui froissent avec plus ou moins de force les bords des ouvertures par lesquelles ils s'échappent. On peut se rendre compte encore que, ne formant ensemble aucune véritable société, ne s'entr'aidant point dans leurs besoins ordinaires, ne chassant presque jamais avec concert, ne se recherchant en quelque sorte que pour se nuire, vivant dans un état perpétuel de guerre, ne s'occupant que de s'attaquer ou de se défendre, et ne devant avertir, ni leur proie de leur approche, ni leur ennemi de leur fuite, ils soient privés de ce langage imparfait, de cette sorte de pantomime qu'on remarque dans un grand nombre d'animaux et qui naît du besoin de se communiquer des sensations très variées.

Le sens de l'ouïe et celui de la vue sont donc pour eux à peine de la discipline. De plus, nous avons vu que leur cerveau était petit, que leurs nerfs étaient gros; et l'intelligence paraît être en raison de la grandeur du cerveau et de la petitesse des nerfs. Le sens du goût est aussi très émoussé chez ces animaux, mais c'est celui de la brutalité. Le sens du toucher, qui n'est pas très obtus chez les poissons, est au contraire celui des sensations précises. La vue est celui de l'activité, et leurs yeux ont été organisés d'une manière très analogue au fluide qu'ils habitent. Et enfin leur odorat est exquis; l'odorat, ce sens qui sans doute est celui des appétits violents, ainsi que nous le prouvent les squales, ces féroces tyrans des mers, mais qui, considéré, par exemple, dans l'homme, a été regardé avec raison par un philosophe célèbre, Jean-Jacques Rousseau, comme le sens de l'imagination, et qui, n'étant pas moins celui des sensations douces et délicates, celui des tendres souvenirs, est encore celui que l'expérience nous recommande de chercher à séduire dans l'objet d'une affectueuse tendresse.

Mais pour jouir de cet instinct dans toute son étendue, il faut que rien n'affaiblisse les facultés dont il est le résultat. Elles s'émoussent cependant, ces facultés, lorsque la température des eaux qu'habitent les poissons devient trop froide, et que le peu de chaleur que leur respiration et leurs organes intérieurs font naître n'est point suffisamment aidé par une chaleur étrangère.

Les poissons qui vivent dans la mer ne sont point exposés
à ce froid engourdissement, à moins qu'ils ne s'approchent
trop de certaines côtes dans la saison où les glaces les ont
envahies. Ils trouvent presque à toutes les latitudes, et en
s'élevant ou s'abaissant plus ou moins dans l'Océan, un degré
de chaleur qui ne descend guère au-dessous de celui qui est
indiqué par douze degrés, sur le thermomètre dit de Réaumur.

Mais dans les fleuves, dans les rivières, dans les lacs,
dont les eaux, surtout en Suisse, font généralement des-

Carpe

cendre le thermomètre, suivant l'habile observateur Saus-
sure, jusqu'à quatre ou cinq degrés au-dessous de zéro, les
poissons sont soumis à presque toute l'influence des hivers,
et particulièrement auprès des pôles, ils ne peuvent que difficilement se soustraire à cette torpeur, à ce sommeil profond
dont nous avons tâché d'exposer les causes, la nature et les
effets, en traitant des quadrupèdes ovipares et des serpents (1).

C'est en vain qu'à mesure que le froid pénètre dans leurs

(1) Travail du même auteur, intitulé : *Histoire des reptiles.*

retraites ils cherchent les endroits les plus abrités, les plus éloignés d'une surface qui commence à se geler, qu'ils creusent quelquefois des trous dans la terre, dans le sable, dans la vase, qu'ils s'y réunissent plusieurs, qu'ils s'y amoncellent, qu'ils s'y pressent; ils y succombent aux effets d'une trop grande diminution de chaleur; et s'ils ne sont pas plongés dans un engourdissement complet, ils montrent au moins un de ces degrés d'affaiblissement de forces que l'on peut compter depuis la diminution des mouvements extérieurs jusqu'à une très grande torpeur.

Pendant ce long sommeil d'hiver, ils perdent d'autant moins de leur substance que leur engourdissement est profond, et plusieurs fois on s'est assuré qu'ils n'avaient dissipé que le dixième de leur poids.

Cet effet remarquable du froid, cette sorte de maladie périodique n'est pas la seule à laquelle la nature ait condamné les poissons. Plusieurs de ces animaux peuvent sans doute vivre dans des eaux thermales échauffées à un degré assez élevé, quoique cependant je pense qu'il faut modérer beaucoup le résultat des observations que l'on a faites à ce sujet; mais, en général, les poissons périssent ou éprouvent un état de ma'aise très considérable lorsqu'ils sont exposés à une chaleur très vive et surtout très soudaine.

.... Ils sont tourmentés par des insectes et des vers de plusieurs espèces qui se logent dans leurs intestins ou qui s'attachent à leurs branchies.

.... Une mauvaise nourriture les incommode ; une eau trop fraîche, provenue d'une fonte de neige trop rapide, une eau trop souvent renouvelée, ou trop imprégnée de miasmes nuisibles , ou trop chargée de molécules putrides, ne fournissant à leur sang que des principes funestes ou insuffisants, et aux autres parties de leur corps qu'un aliment trop peu analogue à leur nature, leur donnent différents maux trop souvent mortels qui se manifestent par des pustules ou des excroissances.

Des ulcères peuvent aussi être produits dans leur foie et dans plusieurs autres parties de leur organisme intérieur ; enfin une longue vieillesse les rend sujets à des altérations et à des dérangements nombreux et quelquefois délétères.

Malgré ces diverses maladies qui les menacent, malgré les accidents graves et fréquents auxquels les exposent la place qu'occupe leur moelle épinière et la nature du canal qu'elle parcourt, ces animaux vivent pendant un très grand nombre d'années, lorsqu'ils ne succombent pas sous la dent d'un ennemi ou ne tombent pas dans les filets de l'homme.

Des observations exactes prouvent que leur vie peut s'étendre au delà de deux siècles ; plusieurs renseignements

Scie.

portent même à croire qu'on a vu des poissons âgés de près de trois cents ans.

Et comment, en effet, les poissons ne seraient-ils pas à l'abri de plusieurs causes de mort naturelle ou accidentelle ? Comment leur vie ne serait-elle pas plus longue que celle des autres animaux ? Ne pouvant pas connaître les alternatives de sécheresse et d'humidité, délivrés le plus souvent du passage de la chaleur vive à un froid rigoureux, perpétuellement entourés d'un fluide ramollissant, pénétrés d'une huile abondante, composés de portions légères et peu compactes, réduits à un sang peu échauffé, faiblement animés par quelques-uns de leurs sens, soutenus par l'eau au milieu de presque tous leurs mouvements, changeant de place sans beaucoup d'efforts, peu agités dans leur intérieur ; en un mot,

peu fatigués, peu usés, peu altérés, ne doivent-ils pas conserver très longtemps une grande souplesse dans leurs parties et
n'éprouver que très tard cette rigidité des fibres , cet endur-
cissement des solides , cette obstruction des canaux qui sont
toujours cause de la cessation de la vie?

D'ailleurs, plusieurs de leurs organes, plus indépendants
les uns des autres que ceux des animaux à sang chaud , moins
entièrement liés par des centres communs, plus ressemblants
par là à ceux des végétaux , peuvent être plus profondément
altérés, plus gravement blessés et plus complètement détruits
sans que ces accidents leur donnent la mort. Plusieurs de
leurs parties peuvent même être reproduites lorsqu'elles ont
été emportées, et c'est un nouveau trait de ressemblance
qu'ils ont avec les quadrupèdes ovipares et avec les serpents....

Tout se réunit donc pour faire admettre dans les poissons,
aussi bien que dans les animaux que nous venons d'indiquer,
une très grande vitalité , et voilà pourquoi il n'est aucun
de leurs muscles qui, de même que ceux de ces derniers, ne
soit encore irritable quoique séparé de leur corps et longtemps après qu'ils ont perdu la vie.

VIII

Que l'on rapproche maintenant par la pensée les différents
aperçus que nous venons d'indiquer, et leur ensemble formera
un tableau général de l'état actuel de la classe des poissons.

Mais cet état a-t-il toujours été le même? C'est ce que nous
examinerons dans un discours particulier tendant à de nouvelles recherches. Ne visant point alors à pénétrer dans les

abîmes des mers, nous nous enfoncerons dans les profon
deurs de la terre ; nous irons fouiller dans les différentes
couches du globe, et recueillir, au milieu des débris qui
attestent les catastrophes qui l'ont bouleversé, les restes
des poissons qui vivaient aux époques de ces grandes des-
tructions.

Nous examinerons et les empreintes et les portions con-
servées dans presque toute leur essence, ou converties en
pierres, des diverses espèces de ces animaux ; nous les
comparerons avec ce que nous connaissons des poissons qui
en ce moment peuplent les eaux douces et salées. L'observation nous indiquera les espèces qui ont disparu de dessus
le globe, celles qui se sont reléguées d'une plage à une autre,
celles qui ont été légèrement ou profondément modifiées, et
celles qui'ont résisté, sans altération, aux siècles et aux combats des éléments.

Nous interrogerons sur l'ancienneté des changements éprou·
vés par la classe des poissons, le temps qui, sur les monts
qu'il renverse, écrit l'histoire des âges de la nature. Nous
porterons surtout un œil attentif sur ces endroits déjà célèbres
pour les naturalistes où se trouvent réunies un très grand
nombre de ces empreintes ou de ces pétrifications de poissons.
Nous étudierons surtout la curieuse collection de ces animaux
que renferme dans ses flancs le *Bolca*, ce mont nivernais
connu depuis plusieurs années par les travaux de plusieurs
habiles ichthyologistes, et nous tâcherons, après avoir éclairé
l'histoire des poissons par celle de la terre, d'éclairer l'histoire
de la terre par celle des poissons.

.... Mais comme le devoir de ceux qui cultivent les différentes branches des sciences naturelles est d'en faire servir les
fruits à augmenter les jouissances de l'homme, à calmer ses
douleurs et à diminuer ses maux, nous ne terminerons pas
cet ouvrage sans faire voir, dans un discours et dans des articles
particuliers, tout ce que le commerce et l'industrie doivent

et peuvent devoir encore aux productions que fournit la
nombreuse classe des poissons.

Nous prouverons qu'il n'est presque aucune partie de ces
animaux qui ne soit utile aux arts et quelquefois même à
celui de guérir. Nous montrerons leurs écailles revêtant le
stuc des palais d'un éclat argentin et donnant des perles fausses
mais brillantes ; leur peau, leurs membranes et surtout leur
vessie natatoire se métamorphosant dans cette écaille que tant
d'ouvrages réclament, que tant d'opérations exigent, que la
médecine n'a pas dédaigné d'employer ; leurs arêtes et leurs
vertèbres nourrissant plusieurs animaux sur des rivages très
étendus, leur huile éclairant tant de cabanes et assouplissant
tant de matières ; leurs œufs et leur chair, nécessaires au
luxe des festins somptueux et cependant consolant l'in-
fortune sur l'humble table du pauvre. Nous dirons par quels
soins leurs différentes espèces deviennent plus agréables
au goût, plus salubres, plus propres aux divers climats ; comment on les introduit dans les contrées où elles étaient encore
inconnues ; comment on doit s'en servir pour embellir nos
demeures et répandre un nouveau charme au milieu de nos
solitudes ; quelle extension d'ailleurs ne peut pas recevoir
cet art si imposant de la pêche, sans lequel il n'y a pour
une nation ni navigation sûre, ni commerce prospère, ni force
maritime, et par conséquent ni richesse, ni pouvoir. Quelle
nombreuse population ne serait pas entretenue par l'immense
récolte que nous pouvons demander tous les ans aux mers,
aux fleuves, aux rivières, aux lacs, aux viviers, aux plus
petits ruisseaux !

Les eaux peuvent nourrir bien plus d'hommes que la terre.
Et combien d'exemples de cette vérité ne nous présentent
pas, et les hordes qui commencent à sortir de l'état sauvage,
et les peuples les plus éclairés de l'antiquité, et les habitants
des Indes Orientales, et les Chinois, si pressés sur leur
vaste territoire, et plusieurs nations européennes, particu-

lièrement les moins éloignées des mers septentrionales.

Nous venons d'achever de construire la base sur laquelle reposera le monument que nous cherchons à élever.

Avant d'aborder l'histoire particulière des animaux qui nous occupent, nous devons tracer les grandes divisions que nous avons adoptées.

Ceux qui ont lu attentivement les lignes qui précèdent savent déjà pourquoi nous commençons par diviser la classe

Grondins.

des poissons en deux sous-classes, celle des cartilagineux et celle des osseux.

Nous partagerons ensuite chaque sous-classe en quatre divisions fondées sur la présence ou l'absence d'un opercule ou d'une membrane placés à l'extérieur, servant à compléter l'organe de la respiration, le seul qui distingue les poissons des autres animaux à sang rouge.

On sent combien il est heureux de trouver des signes aussi

faciles à saisir, sans blesser l'animal, dans un des accessoires importants de son organe le plus essentiel.

Chaque division présente quatre ordres analogues à ceux que Linnée avait introduits parmi les animaux, qu'il regardait seuls comme de véritables poissons. Nous avons assigné à chacun de ces quatre ordres un caractère simple et précis.

Nous comptons donc huit divisions et trente-deux ordres dans la classe des poissons; mais les quatre divisions sont établies dans chaque sous-classe sur la présence ou l'absence des mêmes parties extérieures ou de deux seules de ces parties; de plus, les quatre caractères qui séparent les quatre ordres de chaque division sont absolument les mêmes dans ces huit grandes tribus. On a donc le double avantage d'une distribution des plus symétriques, ainsi que du plus petit nombre de signes qu'on ait employés jusqu'à présent; et par conséquent, on a sous les yeux le plan que l'on peut embrasser dans son ensemble et retenir dans ses détails avec le plus de facilité.

« Après ce *Discours sur l'histoire naturelle des poissons*, Lacépède entre dans le détail de chaque espèce, classée par genre. En tête de chaque genre est placé un tableau de toutes les espèces que ce genre renferme. L'ensemble de l'ouvrage est terminé par une table méthodique, complète de toutes les divisions, de tous les ordres, de tous les genres, de toutes les espèces de ces animaux dont Lacépède a reconnu beaucoup plus de mille espèces.

» Ce nombre a été dépassé par Cuvier, et, par suite de l'extension prise par les connaissances géographiques et par les relations de peuples à peuples, il augmente chaque jour. Toutefois, ainsi que nous l'avons déjà dit, ce progrès, loin d'atténuer la valeur des observations faites par Lacépède, a servi au contraire à les confirmer. Les travaux du savant naturaliste continuent à servir de base à ceux de ses successeurs.

» Nous choisissons, parmi les descriptions particulières les plus intéressantes, trois sujets qui donneront à nos lecteurs une idée de la manière de procéder de Lacépède dans ces petits tableaux aussi vifs et brillants qu'exacts. »

Serpent à sonnettes.

L'ISTIOPHORE PORTE-GLAIVE

Ce beau poisson, type du cent-unième genre de Lacépède, appartient à la cinquième division, ordre des thoracins. Il est ainsi décrit par notre naturaliste :

.... Il parvient à une longueur de plus de trois mètres et jouit d'une grande force, d'une grande agilité ; il attaque avec courage et souvent avec avantage des ennemis très dangereux.

Sa mâchoire supérieure est trois fois plus avancée que l'inférieure; très étroite, très longue, convexe par-dessus et pointue, elle ressemble à une épée ; de là, le nom spécifique de l'animal. Elle est garnie, ainsi que le palais et la mâchoire inférieure, de dents très petites dont on ne trouve aucun vestige sur la langue. La tête est menue, chaque opercule composé de deux lames ; le corps allongé, épais, et garni, ainsi que la queue, d'écailles difficiles à voir au-dessous de la membrane qui les couvre ; la ligne latérale courbe et terminée par une saillie longue et dure; le dos noir; chaque côté bleu; le dessous du corps et la queue argentin; la couleur des pectorales et de l'anale noire ; et celle de la première nageoire dorsale, d'un bleu céleste parsemé de taches petites et d'un rouge brun.

Les pectorales sont pointues; la caudale est fourchue.... La forme et les dimensions de la première dorsale sont très dignes d'attention; elle s'étend depuis la nuque jusqu'à une très petite distance de l'extrémité de la queue ; elle est donc très longue. Elle est aussi très haute, sa hauteur surpassant la moitié de sa longueur. Son contour est arrondi, et elle s'élève comme un demi-disque, ou plutôt comme une voile qui a fait nommer l'animal *Voilier*, et d'après laquelle nous lui avons donné le nom générique d'*istiophore* ou *porte-voile*.

Le *Porte-glaive* nage souvent à la surface de l'eau, au-dessus de laquelle sa nageoire dorsale paraît d'assez loin et présente une surface de quinze ou seize décimètres de long, sur huit ou neuf de haut.

Il habite les mers chaudes des Indes Orientales aussi bien que des Occidentales. Le célèbre chevalier Bancks l'a vu à Madagascar et à l'île de France. Il a pris à Surate un individu de cette espèce qui avait plus de trois mètres de longueur,

Istiophore porte-glaive.

dont le plus grand diamètre du corps était de vingt-cinq centimètres et qui pesait dix myriagrammes.

Dans sa natation rapide, l'istiophore porte-glaive s'avance sans crainte, se jette sur de très gros poissons, ne recule pas devant l'homme, et se précipite contre les vaisseaux dans le bordage desquels il laisse quelquefois des tronçons de son arme brisée par la violence du choc.

Il lutte avec facilité contre les ondes agitées, ne se cache pas à l'approche des orages, paraît même rechercher les tempêtes, qui lui permettent de saisir plus promptement une proie troublée, fatiguée et pour ainsi dire à demi vaincue par le bouleversement des flots. Par suite de cette particularité, son apparition sur l'Océan a été regardée par certains navigateurs comme le présage d'un ouragan.

Le porte-glaive avale tout entiers des poissons longs de trois ou quatre décimètres. Lorsque, encore jeune, il ne présente qu'une longueur d'un mètre ou environ, sa chair n'est pas assez imbibée de graisse pour être indigeste, et de plus elle est très agréable au goût.

LA MURÈNE-ANGUILLE

Il est peu d'animaux dont on doive se retracer l'image avec
autant de plaisir que celle de la murène-anguille.

Elle peut être offerte, cette image gracieuse, et à l'enfance
folâtre que la variété des évolutions amuse, et à la vive jeunesse que la rapidité des mouvements enflamme, et à la beauté
que la grâce, la souplesse, la légèreté intéressent et séduisent,
et à la sensibilité que les affections douces et constantes touchent
si profondément, et à la philosophie même qui se plaît à contempler et le principe et l'effet d'un instinct supérieur.

Murène-Anguille.

On rencontre cet instinct supérieur dans le terrible requin ;
mais il y est le ministre d'une voracité insatiable, d'une
cruauté sanguinaire, d'une force dévastatrice ; on trouve dans
les poissons électriques et notamment dans la torpille une
puissance pour ainsi dire magique ; mais ils n'ont pas la beauté
en partage ; leurs formes, il est vrai, sont remarquables, mais
presque toujours leurs couleurs sont ternes et obscures.

Dans beaucoup de poissons, des nuances éclatantes frappent
les regards ; mais rarement elles sont unies avec des proportions agréables ; plus rarement elles servent de parure à un
être d'un instinct élevé.

Et cette sorte d'intelligence, ce mélange de l'éclat des métaux et des couleurs de l'arc céleste, cette rare conformation des diverses parties qui forment un même tout et qu'un heureux accord a rassemblées, quand les avons-nous vues départies avec des habitudes pour ainsi dire sociales, des affections douces et des jouissances en quelque sorte sentimentales?

C'est cette réunion si digne d'intérêt que nous allons montrer dans l'anguille.

Et lorsque nous aurons compris sous un seul point de vue sa forme déliée, ses proportions sveltes, ses flexions gracieuses, ses circonvolutions faciles, ses élans rapides, sa natation soutenue, ses mouvements semblables à ceux du serpent, son industrie, son instinct, son affection pour sa compagne, son espèce de sociabilité et les avantages que l'homme en retire chaque jour, on ne sera pas surpris que les Grecques et les Romaines, les plus fameuses par leurs charmes et par leur luxe, aient donné sa forme à un de leurs ornements les plus recherchés, et que l'on doive en reconnaître les traits sur de riches bracelets antiques, peut-être aussi souvent que ceux des couleuvres venimeuses dont on a voulu pendant longtemps retrouver exclusivement l'image dans ces objets de parure ; on ne sera pas même étonné que ce peuple ancien et célèbre, qui adorait tous les objets dans lesquels il voyait quelque empreinte de la beauté, de la bonté, de la prévoyance, du pouvoir ou du courroux célestes, et qui se prosternait devant les ibis et les crocodiles, ait aussi accordé les honneurs divins à l'animal que nous examinons.

.... On ne s'attendait peut-être pas à trouver dans l'anguille tant de droits à l'attention. Quel est néanmoins celui qui n'a pas vu cet animal ; quel est celui qui ne croit pas être bien instruit de ce qui concerne un poisson que l'on pêche sur tant de rivages, que l'on trouve sur tant de tables frugales ou somptueuses, dont le nom est si souvent prononcé, et dont la facilité à s'échapper des mains qui le retiennent avec le plus de force, est devenue un objet de proverbe pour le sens borné du vulgaire aussi bien que pour la prudence éclairée du sage?

Depuis Aristote jusqu'à nous, les Apicius, les savants, les ignorants, les têtes fortes, les esprits faibles, se sont occupés de l'anguille, et voilà pourquoi elle a été le sujet de tant d'erreurs séduisantes, de préjugés ridicules, de contes puérils, au milieu desquels très peu d'observateurs ont distingué les formes et les habitudes propres à inspirer ainsi qu'à satisfaire une curiosité raisonnable.

Tâchons de démêler le vrai d'avec le faux; représentons l'anguille telle qu'elle est....

« Nous ne suivrons pas Lacépède dans la description anatomique de l'anguille; mais, passant immédiatement à la partie historique et pittoresque, si l'on peut ainsi parler, de cette description, nous dirons avec notre savant auteur : »

Les murènes-anguilles, chez lesquelles un instinct relevé ajoute à la fréquence et à la grâce des mouvements, parviennent à une grandeur très considérable. Il n'est pas rare d'en trouver en Angleterre, ainsi qu'en Italie, du poids de huit à dix kilogrammes. En Albanie, on en a vu dont on a comparé la grosseur à celle de la cuisse d'un homme; et des observateurs très dignes de foi ont assuré que, dans les lacs de la Prusse, on en avait pêché qui étaient longues de trois à quatre mètres. On a même écrit que le Gange en avait nourri de plus de dix mètres de longueur; mais ce ne peut être qu'une erreur, et l'on aura probablement donné le nom d'anguille à quelque grand serpent, à quelque boa devin que l'on aura aperçu de loin, nageant au-dessus de la surface du grand fleuve de l'Inde.... Quoi qu'il en soit, la croissance de l'anguille se fait très lentement.... D'après de curieuses observations faites par M. Septfontaines, sur soixante de ces poissons renfermés dans un vivier, leur longueur, de dix-neuf à vingt centimètres en 1779, n'était, en 1788, que de cinquante-cinq à cinquante-six centimètres, soit un allongement de vingt-six centimètres seulement en neuf ans.

.... Avec son agilité, sa souplesse, sa force dans les muscles ; avec sa grandeur de dimensions, il est facile à la murène-anguille de parcourir des espaces étendus, de surmonter de nombreux obstacles, de faire de grands voyages, de remonter contre des courants rapides. Aussi va-t-elle périodiquement tantôt des lacs ou des rivages voisins de la source des rivières vers les embouchures des fleuves, et tantôt de la mer vers les sources et les lacs. Mais dans ces migrations régulières, elle suit quelquefois un ordre différent de celui qu'observent la plupart des poissons voyageurs.

Elle obéit aux mêmes lois, elle est régie de même par les causes dont nous avons tâché d'indiquer la nature dans notre premier discours ; mais tel est l'ensemble de ses organes extérieurs et de ceux que son intérieur renferme, que la température des eaux, la qualité des aliments, la tranquillité ou le tumulte des éléments, la pureté du fluide, exercent dans certaines circonstances, sur ce poisson vif et sensible, une action très différente de celle qu'ils font éprouver au plus grand nombre des autres poissons non sédentaires.

Lorsque le printemps commence de régner, ces derniers remontent, des embouchures des fleuves, vers les points les plus élevés des rivières. Quelques anguilles, au contraire, s'abandonnant alors au cours des eaux, vont des lacs dans les fleuves qui en sortent, et des fleuves, vers les côtes maritimes.

Dans quelques contrées et particulièrement auprès des lagunes de Venise, les anguilles remontent, dans le printemps ou à peu près, de la mer Adriatique vers les lacs ou les marais, et notamment vers ceux de Comacchio que la pêche des anguilles a rendus célèbres.

Elles y arrivent par le Pô, étant encore très jeunes ; mais elles n'en sortent, pendant l'automne pour retourner vers les rivages

de la mer, que lorsqu'elles ont acquis un assez grand développement.

.... La tendance à l'imitation, cette cause puissante de plusieurs actions très remarquables des animaux, et la sorte de
prudence qui paraît diriger quelques-unes des habitudes des
anguilles, les déterminent à préférer la nuit au jour pour ces
migrations de la mer dans les lacs, et pour ces retours des lacs
dans la mer.

Celles qui vont, vers la fin de la belle saison, des marais
de Comacchio dans la mer de Venise, choisissent même pour

Serpent boa.

leur voyage les nuits les plus obscures, et surtout celles dont
les ténèbres sont épaissies par la présence de nuages orageux ;
une clarté plus ou moins vive, la lumière de la lune, des feux
allumés sur le rivage, suffisent souvent pour les arrêter dans
leur natation vers les côtes maritimes.

Mais lorsque ces lueurs qu'elles redoutent ne suspendent
pas leurs mouvements, elles sont poussées vers la mer par un
instinct si fort, ou pour mieux dire par une cause si énergique, qu'elles s'engagent entre des rangées de roseaux que
les pêcheurs disposent au fond de l'eau pour les conduire à
leur gré, et que, parvenant sans résistance et par le moyen de

ces tranchées aux enceintes dans lesquelles on a voulu les attirer, elles s'entassent dans ces espèces de petits parcs, au lieu de chercher à revenir dans l'habitation qu'elles viennent de quitter.

Pendant cette longue course, ainsi que pendant le retour des environs de la mer vers les eaux douces élevées, les anguilles se nourrissent, aussi bien que pendant qu'elles sont stationnaires, d'insectes, de vers, d'œufs et de petites espèces de poissons. Elles attaquent quelquefois les animaux un peu plus gros ; M. Septfontaines en a vu une de quatre-vingt-quatre centimètres se jeter sur deux canards éclos de la veille et les avaler assez facilement pour qu'on pût les retirer presque entiers de ses intestins.

Dans certaines circonstances, elles se contentent de la chair de presque tous les animaux morts qu'elles rencontrent au milieu des eaux ; mais elles causent souvent de grands ravages dans les rivières où elles détruisent beaucoup d'éperlans, de clupes et de brèmes.

Ce n'est pas cependant sans danger qu'elles recherchent l'animal qui leur convient le mieux : elles ont des ennemis auxquels il leur est très difficile d'échapper. La loutre, plusieurs oiseaux d'eau et les grands oiseaux de rivage, tels que les grues, les hérons et les cigognes, les pêchent avec habileté et les retiennent avec adresse. Les hérons surtout ont, dans la dentelure d'un de leurs ongles, des espèces de crochets qu'ils enfoncent dans le corps de l'anguille et qui rendent inutiles tous les efforts qu'elle fait pour glisser au milieu de leurs doigts.

Les poissons qui parviennent à une longueur un peu considérable, comme, par exemple, le brochet et l'esturgeon, en font aussi leur proie, et comme les esturgeons l'avalent tout entière, et souvent sans la blesser, il arrive que, déliée, visqueuse et flexible, elle parcourt toutes les sinuosités de leur canal intestinal, sort de leur corps, et se dérobe, par une prompte natation, à une nouvelle poursuite. Il n'est presque

Cigognes.

personne qui n'ait vu le lombric, avalé par des canards, sortir
de même des intestins de cet oiseau, dont il avait suivi tous les
replis ; et cependant, c'est le fait que nous venons d'exposer
qui a donné lieu à un conte absurde, accrédité pendant longtemps, dû à l'opinion de quelques observateurs très peu
instruits de l'organisation intérieure des animaux, et qui ont
dit que l'anguille entrait ainsi volontairement dans le corps de
l'esturgeon, pour aller y chercher des œufs dont elle aimait
beaucoup à se nourrir.

Mais voici un trait très remarquable dans l'histoire d'un
poisson, et qui a été vu trop de fois pour qu'on puisse en
douter : l'anguille, pour laquelle les petits vers des prés et
même quelques végétaux, comme, par exemple, les pois nou-
vellement semés, sont un aliment peut-être plus agréable
encore que des œufs ou des poissons, sort de l'eau pour se
procurer ce genre de nourriture.

Elle rampe sur le rivage par un mécanisme semblable à celui
qui la fait nager au milieu des fleuves ; elle s'éloigne de l'eau
à des distances assez considérables, exécutant avec son corps
serpentiforme tous les mouvements qui donnent aux couleuvres
la faculté de s'avancer ou de reculer ; et, après avoir fouillé
dans la terre avec son museau pointu pour se saisir des pois
ou des petits vers, elle regagne, en serpentant, le lac ou la
rivière d'où elle était sortie et vers lequel elle tend avec assez
de vitesse lorsque le terrain n'offre pas de trop grandes
inégalités.

Au reste, pendant que la conformation de son corps et de sa
queue lui permet de se mouvoir sur la terre sèche, l'organisation de ses branchies lui donne la faculté d'être pendant un
temps assez long hors de l'eau douce ou salée sans en périr....
Mais, soit pour être moins exposée aux attaques des animaux
qui cherchent à la dévorer et à la poursuite des pêcheurs qui
veulent en faire leur proie, soit pour obéir à quelque autre

cause, l'anguille ne va à terre, au moins le plus fréquemment, que pendant la nuit.... Pendant le jour, moins occupée de se procurer l'aliment qu'elle désire, elle se tient presque toujours dans un repos réparateur, et dérobée aux yeux de ses ennemis par un asile qu'elle prépare avec soin.

Elle se creuse avec son museau une retraite plus ou moins grande dans la terre molle du fond des lacs et des rivières; et par une attention particulière, résultat remarquable d'une expérience dont l'effet se maintient de génération en génération, cette espèce de terrier a deux ouvertures, de telle sorte que, si elle est attaquée d'un côté, elle peut s'échapper de l'autre. Cette industrie, pareille à celle des animaux les plus précautionnés, est une nouvelle preuve de cette supériorité d'instinct que nous avons dû attribuer à l'anguille, dès le moment où nous avons considéré dans ce poisson le volume et la forme du cerveau, l'organisation plus soignée du siège de l'odorat, la flexibilité et la longueur du corps et de la queue, qui, souples et continuellement humectées, s'appliquent dans toute leur étendue à presque toutes les surfaces, en reçoivent des impressions que des écailles presque insensibles ne peuvent ni arrêter, ni en quelque sorte diminuer, et doivent donner à l'animal un toucher assez vif et assez délicat.

Lorsqu'il fait très chaud, ou dans quelques autres circonstances, l'anguille quitte cependant quelquefois, même pendant le milieu du jour, cet asile qu'elle sait se donner.

On la voit très souvent alors s'approcher de la surface de l'eau, se placer au-dessus d'un amas de mousse flottante ou de plantes aquatiques, y demeurer immobile et paraître se plaire dans cette sorte d'inaction et sous cet abri passager. On serait même tenté de croire qu'elle se livre à une espèce de demi-sommeil sous ce toit de feuilles et de mousse.

.... Les murènes-anguilles sont très nombreuses partout où elles trouvent l'eau, la température, l'aliment qui leur conviennent, et où elles ne sont pas privées de toute sûreté....

Ainsi, par exemple, lors du second passage des anguilles dans l'Arno, c'est-à-dire lorsqu'elles remontent de la mer vers les sources de ce fleuve, plus de deux cent mille peuvent tomber, en un très court espace de temps, dans les filets des pêcheurs. Il y en a une si grande abondance dans les marais de Comacchio qu'en une seule année on en a pêché neuf cent quatre-vingt-dix mille kilogrammes.

Dans le Jutland, il est des rivages vers lesquels, dans certaines saisons, on prend quelquefois, d'un seul coup de filet, plus de neuf mille anguilles, dont quelques-unes pèsent de quatre à cinq kilogrammes. Enfin dans la Basse-Seine, près de presque toutes les rives, il en passe des troupes ou plutôt des légions si considérables que non seulement on les prend

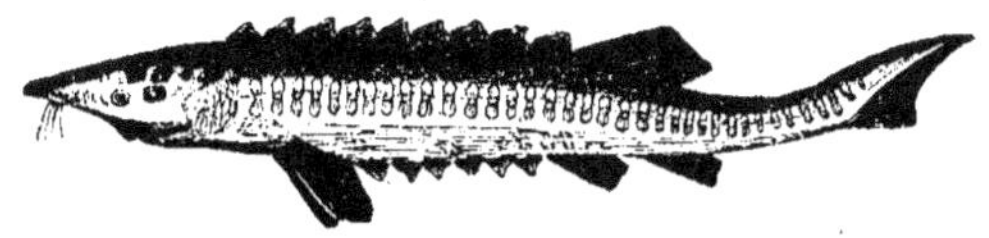

Esturgeon.

à la nasse, mais qu'on en remplit des seaux et des baquets.

Cette abondance n'a pas empêché les hommes du goût le plus difficile en bonne chère et du luxe même le plus somptueux, de rechercher l'anguille et de la servir dans leurs banquets.

Cependant sa viscosité, le suc huileux dont elle est imprégnée, la difficulté avec laquelle les estomacs délicats en digèrent la chair, sa ressemblance avec les serpents l'ont fait regarder, dans certains pays, comme un aliment malsain par les médecins, et comme un animal impur par les esprits superstitieux.

Elle est comprise parmi les poissons, en apparence dénués d'écailles, que les lois religieuses des Juifs interdisaient à ce peuple, et les règlements de Numa ne permettaient pas de la servir à Rome, dans les sacrifices, sur les tables des dieux.

Mais les défenses de quelques législateurs et les recommandations de ceux qui ont écrit sur l'hygiène ont été peu suivies : la saveur agréable de la chair de l'anguille et le peu de rareté de cette espèce l'ont emporté sur ces ordres ou ces conseils ; et, dans tous les temps, dans tous les pays, on a consacré d'autant plus d'instants à la pêche de cette murène que sa peau peut servir à beaucoup d'usages.

Dans plusieurs contrées, on en fait des liens assez forts ; dans d'autres, comme par exemple dans quelques parties de la Tartarie et particulièrement dans celles qui avoisinent la Chine, cette même peau remplace, sans trop de désavantage, les vitres des fenêtres.

.... Depuis le commencement du printemps jusque vers la fin de l'automne, on pêche les anguilles avec facilité ; mais en hiver, on a assez de peine à les prendre, au moins dans les latitudes un peu élevées. Elles se cachent, pendant cette saison, dans les terriers qu'elles se sont creusés, ou dans quelqu'autre asile à peu près semblable. Elles se réunissent même en assez grand nombre, se serrent de très près et s'amoncellent dans ces retraites où il paraît qu'elles s'engourdissent lorsque le froid est rigoureux.

On en a trouvé jusqu'à cent quatre-vingts dans un trou de quarante décimètres cubes, et dans certaines localités on en prend de très grandes quantités pendant l'hiver en fouillant dans le sable entre les pierres du rivage. Si l'eau dans laquelle elles se trouvent est peu profonde, si par ce peu d'épaisseur des couches du fluide, elles sont moins à couvert des impressions funestes du froid, elles périssent dans leur terrier, malgré toutes leurs précautions.

.... Les murènes dont nous parlons sont sujettes à diverses maladies, ainsi que plusieurs autres poissons, et particulièrement ceux que l'homme élève avec plus ou moins de soins, et dont il est même arrivé, grâce aux règles d'une science ou plutôt d'une industrie nommée pisciculture, à transporter, à féconder le frai et à en amener artificiellement l'éclosion. C'est parmi ces poissons en quelque sorte domestiques, et l'anguille est du nombre, que se produisent et se développent les causes de mortalité.

Toutefois, lorsque ces maladies ne dérangent pas l'organisation intérieure de l'anguille, elle perd assez difficilement la vie, dont le principe paraît disséminé d'une manière assez indépendante, si je puis employer ce mot, dans les diverses parties de son corps, pour qu'il ne puisse être éteint que lorsqu'on cherche à l'anéantir dans plusieurs points à la fois, et de même que dans plusieurs serpents et particulièrement dans la vipère, une heure après la séparation de la tête et du tronc, l'une et l'autre de ces portions peuvent donner encore les signes d'une grande irritabilité.

Cette vitalité tenace est une des causes de la longue vie que nous croyons devoir attribuer aux anguilles, ainsi qu'à la plupart des autres poissons.

Voyons maintenant comment se perpétue cette espèce utile et curieuse.

L'anguille vient d'un véritable œuf comme tous les poissons. L'œuf éclot le plus souvent dans le ventre de la mère, comme celui des raies, des squales, de plusieurs blennies, de plusieurs silures.

Ce fait a été bien vu, bien constaté par les naturalistes récents ; il est d'ailleurs parfaitement simple et conforme aux vérités physiologiques les mieux prouvées, aux résultats les plus sûrs des recherches anatomiques sur les poissons.

Maintenant si nous passons des eaux douces de nos sources et de nos rivières aux ondes salées de l'Océan, nous y trouverons l'analogue de l'anguille appelée congre ou anguille de mer.

LA MURÈNE-CONGRE

Le congre diffère de la murène-anguille par les proportions
de ses diverses parties; par la plus grande longueur des petits
appendices cylindriques placés sur le museau, et que l'on a
nommés *barbillons;* par le diamètre de ses yeux, qui sont plus

Murène - Congre

gros; par la nuance noire que présente presque toujours le
bord supérieur de sa nageoire dorsale; par la place de cette nageoire, ordinairement plus rapprochée de la tête; par la manière dont se montre aux yeux la ligne latérale, composée

d'une longue série de points blancs; par sa couleur qui, sur la
partie supérieure, est blanche, ou cendrée, ou noire, suivant
la plage qu'il fréquente, qui, sur sa partie inférieure, est blanche

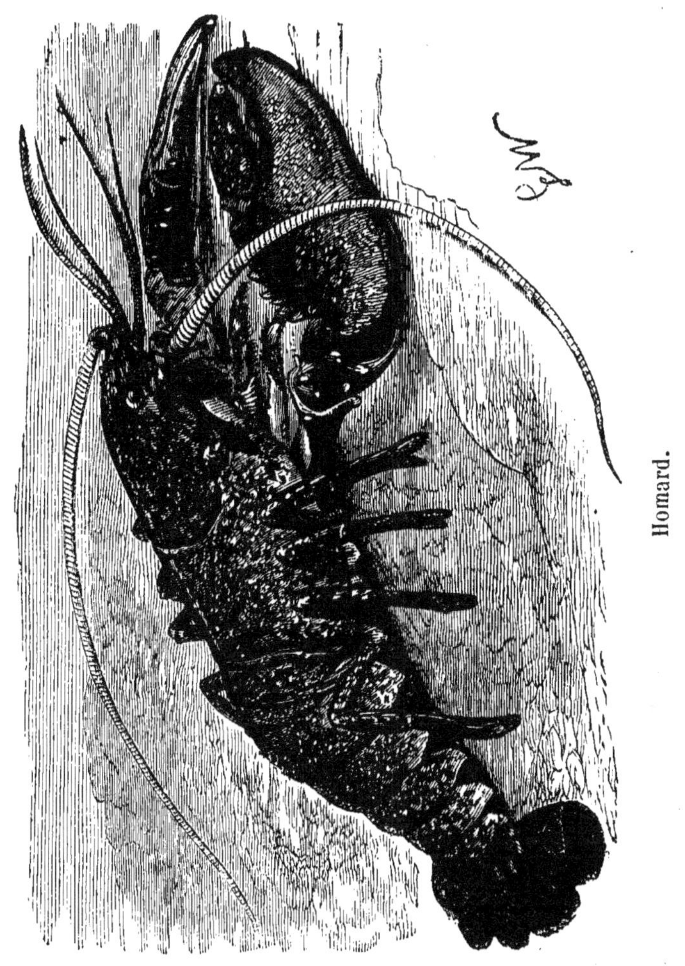

et qui d'ailleurs offre fréquemment des teintes vertes sur la
tête, des teintes bleues sur le dos, et des teintes jaunes sous le
corps ainsi que sous la queue ; par ses dimensions supérieures
à celles de l'anguille, puisqu'il n'est pas très rare de lui voir

de trente à quarante décimètres de longueur avec une circonférence de près de cinq décimètres.

On le trouve dans toutes les grandes mers de l'ancien et du nouveau continent; il est très répandu surtout sur les côtes d'Angleterre et de France, dans la Méditerranée où il a été très recherché des anciens, et dans la Propontide.

Il est très vorace, et, comme il est grand et fort, il peut se procurer aisément l'aliment qui lui est nécessaire.... Mais s'il se rend ainsi redoutable à un grand nombre d'habitants de la mer, il est exposé à beaucoup d'ennemis. L'homme le poursuit avec ardeur dans les pays où sa chair est estimée; les grands poissons le dévorent, le homard et la langouste le combattent avec avantage, et les murénophis, qui sont les murènes des anciens, le pressent avec une force supérieure.

En vain, lorsqu'il se défend contre ces derniers animaux, emploie-t-il la faculté qu'il a reçue de s'attacher fortement avec sa queue qu'il replie; en vain oppose-t-il par là une plus grande résistance à la murénophis qui veut l'entraîner : ses efforts sont bientôt surmontés, et cette partie de son corps, dont il voudrait le plus se servir pour diminuer son infériorité dans une lutte trop inégale, est d'ailleurs dévorée, souvent dès la première approche, par la murénophis.

On a pris souvent des congres ainsi mutilés et portant l'empreinte des dents acérées de leur ennemie. Au reste, on assure que la queue du congre se reproduit quelquefois; ce serait une nouvelle preuve de ce que nous avons dit plus haut touchant la vitalité des poissons et en particulier des murènes.

VUE GÉNÉRALE DES CÉTACÉS

Que notre imagination nous transporte maintenant à une grande élévation au-dessus du globe.

La terre tourne au-dessous de nous. Le vaste Océan enceint les continents et les îles ; seul il nous paraît animé.

A la distance où nous sommes placés, les êtres vivants qui peuplent la surface sèche du globe ont disparu à nos yeux ; nous n'apercevons plus ni les rhinocéros, ni les hippopotames, ni les éléphants, ni les crocodiles, ni les serpents démesurés ; mais, sur la surface de la mer, nous voyons encore des troupes nombreuses d'êtres animés en parcourir avec rapidité l'immense étendue et se jouer avec les montagnes d'eau soulevées par les tempêtes. Ces êtres que, de la hauteur où notre pensée nous a élevés, nous serions tentés de croire les seuls habitants de la terre, sont les cétacés.

Leurs dimensions sont telles qu'on peut saisir sans peine le rapport de leur longueur avec la plus grande des mesures terrestres. On peut croire que de vieilles baleines ont une longueur égale au cent-millième du quart d'un méridien.

Rapprochons-nous de ces animaux ; et avec quelle curiosité ne devons-nous pas chercher à les connaître ?

Ils vivent comme les poissons au milieu des mers, et cependant ils respirent comme des animaux terrestres. Ils habitent le froid élément de l'eau, et leur sang est chaud, leur sensibilité très vive, leur affection pour leurs semblables très grande, leur attachement pour leurs petits très ardent et très courageux. Les femelles nourrissent du lait que fournissent leurs mamelles les jeunes cétacés qu'elles ont portés dans leurs flancs, et qui viennent tout formés à la lumière, comme l'homme et tous les quadrupèdes.

Ils sont immenses ; ils se meuvent avec une grande vitesse, et cependant ils sont dénués de pieds proprement dits ; ils n'ont que des bras. Mais leur séjour a été fixé au milieu d'un fluide assez dense pour les soutenir par sa pesanteur, assez susceptible de résistance pour donner à leurs mouvements des points d'appui pour ainsi dire solides, assez mobile pour s'ouvrir devant eux et n'opposer qu'un léger obstacle à leur course.

Elevés au sein de l'atmosphère comme le condor, ou placés sur la surface de la terre comme l'éléphant, ils n'auraient pu soutenir ou mouvoir leur énorme masse que par des forces trop supérieures à celles qui leur ont été accordées, pour qu'elles puissent être réunies dans un être vivant.

.... De tous les animaux, aucun n'a reçu un aussi grand domaine ; non seulement la surface des mers leur appartient, mais les abîmes de l'Océan sont des provinces de leur empire.

Si l'atmosphère a été départie à l'aigle ; s'il peut s'élever, dans les airs, à des hauteurs égales aux profondeurs des mers dans lesquelles les cétacés se précipitent avec facilité, il ne parvient à ces régions éthérées qu'en luttant contre les vents impétueux et contre les rigueurs d'un froid assez intense pour devenir bientôt mortel.

La température de l'Océan est, au contraire, assez douce et presque uniforme dans toutes les parties de cette mer universelle, un peu éloignées de la surface de l'eau et par conséquent de l'atmosphère.

Les couches voisines de cette surface marine, sur laquelle repose, pour ainsi dire, l'atmosphère aérienne, sont, à la vérité, soumises à un froid très âpre et endurcies par la congé-

lation dans les cercles polaires et aux environs de ces cercles,
rctiques ou antarctiques : mais même au-dessous de ces vastes

calottes gelées et des montagnes de glace qui s'y pressent, s'y
entassent, s'y consolident et accroissent le froid dont elles

sont l'ouvrage, les cétacés trouvent, dans les profondeurs de la
mer, un asile d'autant plus tempéré que, suivant les remarques
d'un physicien aussi éclairé qu'intrépide (1), l'eau de l'Océan
est plus froide de deux, trois ou quatre degrés sur tous les
bas fonds que dans les profondeurs voisines.

Et comme d'ailleurs il est des cétacés qui remontent dans
les fleuves, on voit que, même sans en excepter l'homme, aidé
de la puissance de ses arts, aucune famille vivante sur la terre
n'a régné sur un domaine aussi étendu que celui des cétacés.

Et comme d'un autre côté on peut croire que les grands
cétacés ont vécu plus de mille ans, disons que le temps leur
appartient comme l'espace, et ne soyons pas étonnés que le
génie de l'allégorie ait voulu les regarder comme les emblèmes
de la durée aussi bien que de l'étendue, et par conséquent
comme les symboles de la puissance éternelle et créatrice.

Mais si les grands cétacés ont pu vivre tant de siècles et
dominer sur de si grands espaces, ils ont dû éprouver toutes
les vicissitudes du temps comme celles des lieux, et les voilà
encore pour la morale et la philosophie, des images impo-
santes qui rappellent les catastrophes du pouvoir et de la
grandeur.

Ici les extrêmes se touchent. La rose et l'éphémère sont
aussi les emblèmes de l'instabilité. Et quelle différence entre
la durée de la baleine et celle de la rose! L'homme même,
comparé à la baleine, ne vit qu'âge de rose. Il paraît à peine
occuper un point dans la durée, pendant qu'un très petit
nombre de générations de cétacés remonte jusqu'aux époques
terribles des grandes et dernières révolutions du globe.

Les grandes espèces de cétacés sont contemporaines de ces
catastrophes épouvantables qui ont bouleversé la surface de la
terre; elles restent seules de ces premiers âges du monde; elles
en sont pour ainsi dire les ruines vivantes ; et si le voyageur
éclairé et sensible contemple avec ravissement, au milieu des

(1) Humboldt.

sables brûlants et des montagnes nues de la haute Egypte,
ces monuments gigantesques de l'art, ces colonnes, ces statues,
ces temples à demi détruits qui lui présentent l'histoire con-

Marsouin.

servée des premiers temps de l'espèce humaine, avec quel
noble enthousiasme, le naturaliste, qui brave les tempêtes de
l'Océan pour augmenter le dépôt sacré des connaissances
humaines, ne doit-il pas contempler, auprès des montagnes de

glace que le froid entasse vers les pôles, ces colosses vivants, ces monuments de la nature qui rappellent les anciennes époques des métamorphoses de la terre.

A ces époques reculées, les immenses cétacés régnaient sans trouble sur l'antique Océan. Parvenus à une grandeur bien supérieure à celle qu'ils montrent de nos jours, ils voyaient les siècles s'écouler en paix. Le génie de l'homme ne lui avait pas encore donné la domination sur les mers ; l'art ne les avait pas disputées à la nature.

Les cétacés pouvaient se livrer sans inquiétude à cette affection que l'on observe encore entre les individus de la même troupe, entre le mâle et la femelle, entre la femelle et le petit qu'elle allaite, auquel elle prodigue les soins les plus touchants, qu'elle élève, pour ainsi dire, avec tant d'attention, qu'elle protège avec tant de sollicitude, qu'elle défend avec tant de courage.

Tous ces actes, produits par une sensibilité très vive, l'entretiennent, l'accroissent, l'animent. L'instinct, résultat nécessaire de l'expérience et de la sensibilité, se développe, s'étend, se perfectionne. Cette habitude d'être ensemble, de partager les jouissances, les craintes et les dangers, qui lie par des liens si étroits les cétacés de la même bande, a dû ajouter encore à cet instinct que nous reconnaissons dans ces animaux, ennoblir en quelque sorte sa nature, le métamorphoser presque en intelligence. Et si nous cherchons en vain, dans les actions des cétacés, des effets de cette industrie que l'on croirait devoir regarder comme la compagne nécessaire de l'intelligence et de la sensibilité, c'est que les cétacés n'ont pas besoin, par exemple, comme les castors, de construire des digues pour arrêter des courants d'eau trop fugitifs, d'élever des huttes pour s'y garantir des rigueurs du froid, de rassembler, dans des habitations destinées pour l'hiver, une nourriture qu'ils ne pourraient se procurer avec facilité que pendant la belle saison : l'Océan leur fournit à chaque instant,

dans ses profondeurs, les asiles qu'ils peuvent désirer contre
les intempéries des saisons, et, dans les poissons et les mol-

Narval licorne.

lusques dont il est peuplé, une proie aussi abondante qu'analogue à leur nature.

Cette habitude, ce besoin de se réunir en troupes nombreuses a dû naître particulièrement de la grande sensibilité des femelles. Leur affection pour les petits auxquels elles ont donné le jour ne leur permet pas de les perdre de vue tant qu'ils ont besoin de leurs soins, de leur secours, de leur protection.

Les jeunes cétacés ne peuvent se passer d'une association qui leur a été si utile et si douce ; ils ne s'éloignent ni de leur mère ni de leur père qui n'abandonne pas sa compagne. Lorsqu'ils forment des unions plus particulières pour donner eux-mêmes l'existence à de nouveaux individus, ils n'en conservent pas moins l'association générale ; et les générations successives, rassemblées et liées par le sentiment ainsi que par une habitude constante, forment bientôt ces bandes nombreuses que les navigateurs rencontrent sur les mers, surtout sur celles qui sont encore peu fréquentées.

Ces troupes remarquables présentent souvent ou les jeux de la paix ou le tumulte de la guerre.

On les voit ou se livrer, comme les dauphins vulgaires ou les marsouins (1), à des mouvements rapides, à des élans subits, à des évolutions variées et pour ainsi dire non interrompues ; ou, rassemblés en bandes de combattants comme les cachalots et les dauphins gladiateurs, ils concertent leurs attaques, se précipitent contre les ennemis les plus redoutables, se battent avec acharnement et ensanglantent là surface de la mer.

Il est aisé de voir, d'après la longueur de la vie des grands cétacés, que, par exemple, deux baleines franches, l'une mâle, l'autre femelle, peuvent, avant de périr, voir se réunir autour d'elles soixante-douze mille millions de baleines auxquelles elles auront donné le jour ou dont elles seront la souche.

---

(1) Les cétacés sont divisés par Lacépède en dix ordres qui sont : les *baleines*, les *baleinoptères*, les *narvals*, les *ananarks*, les *cachalots*, les *physalos*, les *physétères*, les *delphinoptères*, les *dauphins* et les *hyperoodons*.

La durée de la vie des cétacés, en multipliant jusqu'à un terme qui effraie l'imagination, les causes du grand nombre d'individus qui peuvent être rassemblés dans la même bande et former pour ainsi dire la même association, n'accroît-elle pas beaucoup aussi celles qui concourent au développement de la sensibilité, de l'instinct et de l'intelligence ?

La vivacité de cette sensibilité et de cette intelligence est d'ailleurs prouvée par la force de l'odorat des cétacés. Les quadrupèdes, qui montrent le plus d'instinct et qui éprouvent l'attachement le plus vif et le plus durable, sont, en effet·, ceux qui ont un odorat exquis, tels que le chien et l'éléphant. Or, les cétacés reconnaissent de très loin et distinguent avec netteté les diverses impressions des substánces odorantes ; et si l'on ne voit pas dans ces animaux des narines entièrement analogues à celles de la plupart des quadrupèdes, d'habiles anatomistes, et particulièrement Hunter et Albert, ont découvert ou reconnu dans les baleines un labyrinthe de feuillets osseux, auquel aboutit le nerf olfactif et qui ressemble à celui qu'on trouve dans les narines des quadrupèdes.

Quant à la vue, les cétacés ont reçu l'organe le mieux adapté au fluide aqueux et salé et à l'atmosphère humide, brumeuse et épaisse au travers desquels ils doivent apercevoir les objets; et ils peuvent l'exercer d'autant plus, et par conséquent le rendre successivement sensible, à un degré d'autant plus remarquable qu'en élevant leur tête au-dessus de l'eau, ils peuvent la placer de manière à étendre sur une calotte immense, formée par la surface d'une mer tranquille, leur vue, qui n'est alors arrêtée par aucune inégalité semblable à celles de la surface sèche du globe, et qui ne reçoit de limites que de la petitesse des objets ou de la courbure de la terre.

A la vérité, ils n'ont pas d'organe particulier, conformé de manière à leur procurer un toucher bien sûr et bien délicat. Leurs doigts, en effet, quoique divisés en plusieurs osselets et présentant par exemple jusqu'à sept articulations dans l'espèce des physétères orthodores, sont tellement rapprochés, réunis et recouverts par une sorte de gant, formé d'une peau dure et épaisse, qu'ils ne peuvent pas être mus indépendamment les uns des autres pour palper, saisir et embrasser un objet, et qu'ils ne composent que l'extrémité d'une rame solide plutôt qu'une véritable main. Mais cette même rame est aussi un bras, par le moyen duquel ils peuvent retenir et presser contre leur corps les différents objets, et il est très peu de parties de leur surface où la peau, quelque épaisse qu'elle soit, ne puisse être assez déprimée et en quelque sorte fléchie, pour leur donner, par le fait, des sensations assez nettes de plusieurs qualités des objets extérieurs.

On peut donc croire qu'ils ne sont pas plus mal partagés, relativement au toucher, que plusieurs mammifères, et par exemple, plusieurs phoques, qui paraissent jouir d'une intelligence peu commune dans les animaux, et de beaucoup de sensibilité.

L'organe de l'ouïe, qui leur a été accordé, est enfermé dans un os qui, au lieu de faire partie de la boîte osseuse, laquelle enveloppe le cerveau, est attaché à cette boîte osseuse par des ligaments, et comme suspendu dans une sorte de cavité. Cette espèce d'isolement de l'oreille, au milieu de substances molles qui amortissent les sons qu'elles transmettent, contribue peut-être à la netteté des impressions sonores qui, sans ces intermédiaires, arriveraient trop multipliées, trop fortes et trop confuses à un organe presque toujours placé au-dessous de la surface de l'Océan, et, par conséquent, au milieu d'un fluide immense fréquemment agité et bien moins rare que celui de l'atmosphère.

Remarquons aussi que le conduit auditif se termine à l'extérieur par un orifice presque imperceptible, et que, par la très petite dimension de ce passage, la membrane du tympan est garantie des effets assourdissants, que produiraient sur cette membrane tendue le contact et le mouvement de l'eau de la mer.

Mais comme l'histoire des animaux est celle de leurs facultés,

Phoques.

de même que l'histoire de l'homme est celle de son génie, tâchons de mieux juger des facultés des cétacés. Essayons de mieux connaître le caractère particulier de leur sensibilité, la nature de leur instinct, le degré de leur intelligence; cherchons les liaisons qui, dans ces mêmes cétacés, réunissent un sens avec un autre et, par conséquent, augmentent la force de ces organes et multiplient leurs résultats.

Comparons ces liaisons avec les rapports analogues observés dans les autres mammifères, et nous trouverons que l'odorat et le goût sont très rapprochés, et, pour ainsi dire, réunis dans tous les mammifères; que l'odorat, le goût et le toucher sont, en quelque sorte, exercés par le même organe dans l'éléphant, et que l'odorat et l'ouïe sont très rapprochés dans les cétacés; observons qu'une liaison analogue existe entre l'ouïe et l'odorat des poissons, lesquels vivent dans l'eau comme les cétacés; et de plus, considérons que les deux sens que l'on voit, en quelque sorte, réunis dans les cétacés, sont tous les deux propres à recevoir les impressions d'objets très éloignés, tandis que, dans la réunion de l'odorat avec le goût et le toucher, nous trouvons le toucher et le goût qui ne peuvent être ébranlés que par les objets avec lesquels leurs organes sont en contact.

Le rapprochement de l'ouïe et de l'odorat donne à l'animal qui présente ce rapport, des sensations moins précises et des comparaisons moins sûres, que la liaison avec l'odorat et avec le goût; mais il en fait naître de plus nombreuses, de plus fréquentes, de plus variées.

Ces impressions, plus diversifiées et renouvelées plus souvent, doivent ajouter au penchant qu'ont les cétacés pour les évolutions très répétées, pour les voyages lointains; et c'est par une suite du même principe que la supériorité de la vue et la finesse de l'ouïe donnent aux oiseaux une tendance très forte à se mouvoir fréquemment, à franchir de grandes distance, à chercher, au milieu des airs, la terre et le climat qui leur conviennent le mieux.

Maintenant, si nous examinons les dimensions des organes de ces sens, nous serons étonnés de trouver que celui de l'ouïe

et surtout celui de la vue ne sont guère plus, grands dans des
cétacés longs de quarante à cinquante mètres que dans les mammifères de deux ou trois mètres de longueur.

Observons ici une vérité importante. Les organes de l'odorat,
de la vue et de l'ouïe sont, pour ainsi dire, des instruments
ajoutés au corps proprement dit d'un animal; ils n'en font pas
une partie essentielle; leurs proportions et leurs dimensions
ne devant avoir des rapports qu'avec la nature, la force et le
nombre des sensations qu'ils doivent recevoir et transmettre au
système nerveux et, par conséquent, au cerveau de l'animal,
il n'est pas nécessaire qu'ils aient une analogie de grandeur avec
le corps proprement dit. Etendus même au delà de certaines

Caïman.

dimensions ou resserrés en deçà de ces limites, ils cesseraient
de remplir leurs fonctions propres; ils ne concentreraient plus
les impressions qui leur parviennent; ils les transmettraient
trop isolées; ils ne seraient plus un instrument particulier; ils
ne feraient plus éprouver des odeurs; ils ne formeraient plus
des images; ils ne feraient plus entendre des sons; ils se rap-
procheraient des autres parties du corps de l'animal au point
de n'être plus qu'un organe du toucher plus ou moins imparfait, de ne plus communiquer que des impressions relatives
au tact et de ne plus annoncer la présence d'objets éloignés.

Il n'en est pas ainsi des organes du mouvement, de la digestion, de la circulation, de la respiration; leurs dimensions
doivent avoir un tel rapport avec la grandeur de l'animal,

qu'ils croissent avec son corps proprement dit, dont ils composent des parties intégrantes, dont ils forment des portions essentielles, à l'existence duquel ils sont nécessaires ; et ils s'agrandissent même dans des proportions presque toujours très rapprochées de celle du corps proprement dit et souvent entièrement semblables à ces dernières.

Mais l'ouïe des cétacés est-elle aussi souvent exercée que leur vue et leur odorat ? Peuvent-ils faire entendre des bruissements ou des bruits plus ou moins forts, et même proférer de véritables sons et avoir une véritable voix ?

On voit par l'histoire de la baleine franche, de la jubarte, du cachalot macrocéphale, du dauphin vulgaire, que ces animaux profèrent de véritables sons.

L'organe de la voix des cétacés ne paraît pas cependant, au premier coup d'œil, conformé de manière à composer un instrument bien sonore et bien parfait. Toutefois, on peut trouver dans les cris des cétacés des différences assez sensibles pour supposer que le besoin et l'habitude ont fait entre eux, de plusieurs de ces cris, des signes constants et faciles à reconnaître, d'un certain nombre de leurs sensations.

Les cétacés pourraient donc à la rigueur être considérés comme ayant reçu du temps et de la société avec leurs semblables, ainsi que de l'effet irrésistible de sensations violentes, d'impressions souvent renouvelées et d'affections durables, un rudiment bien imparfait, et néanmoins assez clair, d'un langage proprement dit.

Mais les actes auxquels ce langage les détermine, que leur sensibilité commande, que leur intelligence dirige, par quel effort puissant sont-ils principalement produits ?

Par leur queue longue, grosse, forte, flexible, rapide dans ses mouvements et agrandie à son extrémité par une large nageoire placée horizontalement.

Ils l'agitent et la vibrent, pour ainsi dire, avec d'autant plus de facilité et d'énergie qu'ils ont un grand nombre de vertèbres lombaires, sacrées et caudales ; que les apophyses des vertèbres.

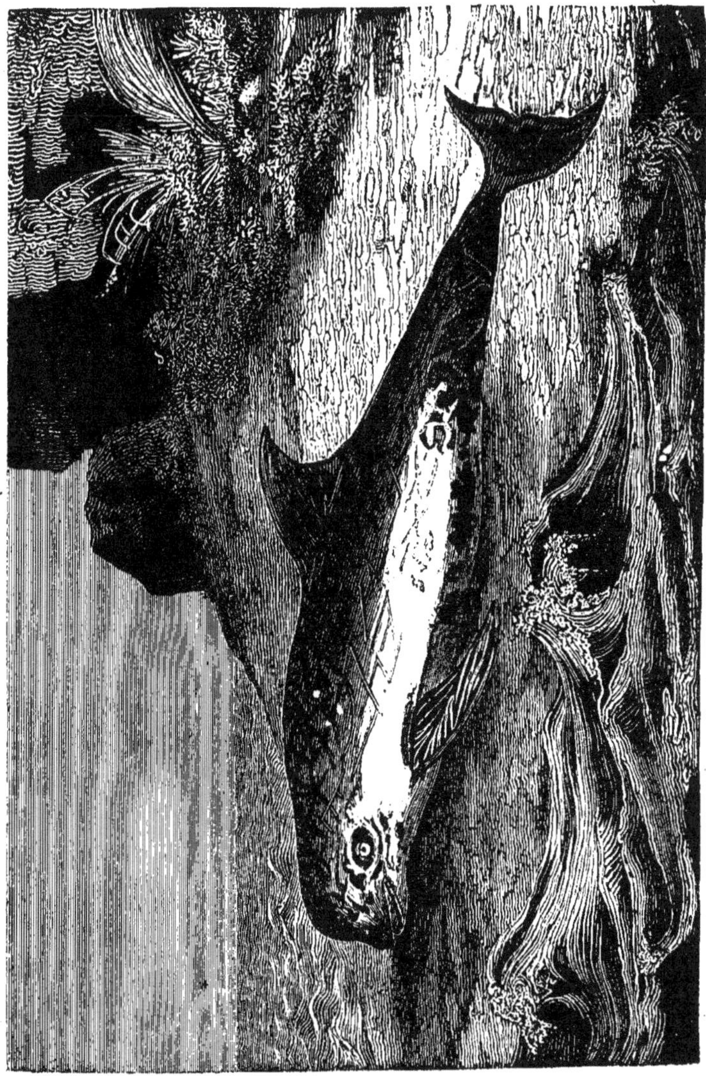

Dauphin.

lombaires sont très hautes, et que, par conséquent, ces apophyses
donnent un point d'appui des plus favorables aux grands

muscles qui s’y attachent et qui meuvent la queue qu’ils composent.

C’est cette queue, si puissante dans leur natation, si redoutable dans leurs combats, qui remplace les extrémités postérieures, lesquelles manquent absolument aux cétacés.

Ces animaux sont de véritables bipèdes, ou plutôt ils sont sans pieds et n’ont que deux bras, dont ils se servent pour ramer, se battre et soigner leurs petits.

Dans plusieurs mammifères, les extrémités antérieures sont plus grandes que les postérieures. La différence entre ces deux sortes d’extrémités augmente, dans le même sens, à mesure que l’on parcourt les diverses espèces de phoques, de dugongs, de lamantins et de morses, qui vivent sur la surface des eaux; et elle devient enfin la plus grande possible, c’est-à-dire que l’on ne voit plus d’extrémités postérieures lorsqu’on est arrivé aux tribus qui non seulement passent leur vie au milieu des flots comme les phoques, les dugongs, les morses et les lamantins, mais encore n’essaient pas de se traîner, comme les phoques, sur les rochers ou sur le sable des rivages des mers.

Si, au lieu de s’avancer vers les mammifères nageurs, lesquels ont tant de rapports avec les poissons, on va vers les animaux qui volent; si l’on examine les familles des oiseaux, on voit les extrémités antérieures déformées, étendues, modifiées, métamorphosées et recouvertes de manière à former une aile légère, agile, d’une grande surface et propre à soutenir et faire mouvoir un corps assez lourd, dans un fluide très rare.

Et remarquons que dans les animaux qui volent comme dans ceux qui nagent, il y a une double réunion de ressorts, un appareil antérieur composé de deux bras, et un appareil postérieur formé par la queue; mais dans les animaux qui fendent l’air, ce fluide subtil et léger de l’atmosphère, l’appareil le plus énergique est celui de devant; et dans ceux qui traversent l’eau, ce fluide bien plus dense et bien plus pesant des fleuves et des mers, l'appareil de derrière est le plus puissant. Dans l'animal qui nage, la masse est poussée en avant; dans l'animal qui vole, elle est entraînée.

Au reste, les cétacés se servent de leurs bras et de leur queue avec d'autant plus d'avantage, pour exécuter au milieu de l'Océan leurs mouvements de contentement ou de crainte, de recherche ou de fuite, d'affection ou d'antipathie, de chasse ou de combat, que toutes les parties de leur corps sont imprégnées d'une substance huileuse, que plusieurs de ces por-

Crocodile.

tions sont placées sous une couche très épaisse d'une graisse légère qui les gonfle pour ainsi dire, et que cette substance oléagineuse se trouve dans les os et dans les cadavres des cétacés les plus dépouillés, en apparence, de lard ou de graisse, et s'y dénote par une phosphorescence très sensible.

Ainsi tous les animaux, qui doivent se soutenir et se mouvoir au milieu d'un fluide, ont reçu une légèreté particulière que les habitants de l'atmosphère tiennent de l'air et des gaz qui remplissent plusieurs de leurs cavités et circulent jusque dans leurs os, et que les habitants des mers et des rivières doivent à l'huile qui pénètre jusque dans le tissu le plus compact de leurs parties solides.

.... Bien que l'eau soit l'élément principal dans lequel sont destinés à vivre les cétacés, l'air que nous respirons leur est cependant nécessaire. Ils ne peuvent se tenir entièrement sous l'eau que pendant un temps assez court ; ils sont forcés de venir fréquemment à la surface des mers pour respirer ; et si alors ils ne sont obligés de tenir hors de l'eau qu'une très petite portion de leur tête, c'est parce que l'orifice des *évents* ou tuyaux, par lesquels ils peuvent respirer l'air atmosphérique, est située dans cette partie postérieure de la tête, que leur larynx forme une sorte de pyramide qui s'élève dans l'évent, et que le voile de leur palais, entièrement circulaire et pourvu d'un *sphincter*, peut serrer étroitement ce larynx, de manière à donner à l'animal la faculté de respirer, d'avaler une certaine quantité d'aliments et de se servir de ses dents ou de ses fanons, sans qu'aucune substance ni même une goutte d'eau pénètre dans ses poumons ou dans sa trachée-artère.

Mais cette substance huileuse, ces fanons, ces dents, ces longües défenses, qu'un des ordres des cétacés, celui des narvals, a reçus, cette matière blanche que nous nommerons *adipocire* avec Fourcroy, et qui est si abondante dans le cachalot, l'ambre gris que produit la même espèce et jusqu'à la peau dont tous sont revêtus, tous ces dons de la nature sont devenus, pour ceux qui les possèdent, des présents bien funestes, lorsque l'art de la navigation a commencé à se perfectionner, et que la boussole a pu diriger les marins parmi les écueils des mers les plus lointaines et les ténèbres des nuits les plus obscures.

L'homme, attiré par les trésors que pouvaient lui livrer ses victoires sur les cétacés, a troublé la paix de leurs immenses solitudes, a violé leurs retraites, a immolé tous ceux que les déserts glacés et inabordables des pôles n'ont pas dérobés à ses coups ; et il leur a fait une guerre d'autant plus cruelle qu'il

Morses.

a vu que des grandes pêches dépendaient la prospérité de son
commerce, l'activité de son industrie, le nombre de ses ma-
telots, la hardiesse de ses navigateurs, l'expérience de ses
pilotes, la force de sa marine, la grandeur de sa puissance.

C'est ainsi que les géants des géants sont tombés sous ses
armes; et comme son génie est immortel et que sa science est
maintenant impérissable, parce qu'il a pu multiplier sans
limites les exemplaires de sa pensée, ils ne cesseront d'être
les victimes de son intérêt que lorsque ces énormes espèces
auront cessé d'exister.

C'est en vain qu'elles fuient devant lui : son art le transporte
aux extrémités de la terre ; elles n'ont plus d'asile que dans le
néant.....

LA BALEINE FRANCHE

En traitant de ce cétacé, le plus grand, le mieux doué, le
plus intéressant de tous, nous ne voulons parler qu'à la
raison, et cependant l'imagination sera émue par l'immensité
des objets que nous exposerons.

Lorsque le temps ne manque pas à son développement, ses
dimensions étonnent. On ne peut guère douter que l'on ne l'ait
vu, à certaines époques et dans certaines mers, long de près
de cent mètres; et dès lors, pour avoir une idée exacte de sa
grandeur, nous ne devons plus le comparer avec les plus
énormes des animaux terrestres.... Nous ne trouvons pas non
plus cette mesure dans les arbres superbes dont nous admirons
les cimes élevées ; cette échelle est encore trop courte.

Il faut que nous ayons recours à ces flèches élancées dans
les airs au-dessus de quelque église gothique; ou plutôt il faut
que nous comparions la longueur de la baleine entièrement
développée à la hauteur de ces monts qui forment les rives de

tant de fleuves, lorsqu'ils ne coulent plus qu'à une petite distance de l'Océan, et particulièrement à celle des montagnes qui bordent les rivages de la Seine. En vain, par exemple, placerions-nous par la pensée une grande baleine auprès d'une des tours de la principale église de Paris ; en vain la dresserions-nous contre ce monument ; un tiers de l'animal s'élèverait au-dessus du sommet de la tour.

Longtemps ce géant des géants a exercé sur son vaste empire une domination non combattue.

Sans rival redoutable, sans besoins difficiles à satisfaire, sans appétits cruels, il régnait paisiblement sur la surface des mers dont les vents ne bouleversaient pas les flots, ou trouvait aisément, dans des baies entourées de rivages escarpés, un abri sûr contre les fureurs des tempêtes.

Mais le développement de l'art de la navigation a détruit la sécurité, diminué le domaine, altéré la destinée du plus grand des animaux.

L'homme a su lui opposer un volume égal au sien, une force égale à la sienne. Il a construit, pour ainsi dire, une montagne flottante ; il l'a animée en quelque sorte par son génie ; il lui a donné la résistance des bois les plus compacts ; il lui a imprimé la vitesse des vents qu'il a su maîtriser par ses voiles ; et, la conduisant contre le colosse de l'Océan, il l'a contraint à fuir jusque vers les extrémités du monde.

C'est malgré lui néanmoins que l'homme a ainsi refoulé la baleine. Il ne l'a pas attaquée pour l'éloigner de sa demeure, comme il en a écarté le tigre, le condor, le crocodile et le serpent devin : il l'a combattue pour la conquérir. Mais pour la vaincre, il ne s'est pas contenté d'entreprises isolées et de combats partiels : il a médité de grands préparatifs, réuni de grands moyens, concerté de grands mouvements, combiné de grandes manœuvres ; il a fait à la baleine une véritable guerre navale, et, la poursuivant avec ses flottes jusqu'au milieu des glaces polaires, il a ensanglanté cet empire du froid, comme

il avait ensanglanté le reste de la terre ; et les cris de carnage
ont retenti dans ces montagnes flottantes, dans ces solitudes
profondes, dans ces asiles redoutables des brumes, du silence
et de la nuit.

Cependant, avant de décrire ces terribles expéditions, connaissons mieux cet énorme cétacé.

Les individus de cette espèce, que l'on rencontre encore à
une assez grande distance du pôle arctique, ont depuis vingt
jusqu'à quarante mètres de longueur. Leur circonférence dans
l'endroit le plus gros de leur tête, de leur corps ou de leur queue,
n'est pas toujours dans la même proportion avec leur longueur
totale. La plus grande circonférence mesurée surpassait, en
effet, la moitié de la longueur dans un individu de seize mètres
de long; elle n'égalait pas cette même longueur totale dans
d'autres individus de plus de trente mètres.

.... En s'approchant de cette masse qui apparaît d'abord
informe, on la voit en quelque sorte se changer en un tout
mieux ordonné. On peut comparer ce gigantesque ensemble à
une espèce de cylindre immense et irrégulier dont le diamètre
est égal, ou à peu près, au tiers de la longueur.

.... Les évents, dont nous avons précédemment parlé, servent
à la baleine franche à rejeter l'eau qui pénètre dans l'intérieur
de sa gueule, aussi bien qu'à introduire jusqu'à son larynx, et
par conséquent jusqu'à ses poumons, l'air nécessaire à la respiration, lorsque ce grand mammifère nage à la surface de la
mer, mais que sa tête est assez enfoncée dans l'eau pour qu'il
ne puisse aspirer l'air par la bouche sans aspirer en même
temps une trop grande quantité de fluide aqueux.

La baleine fait sortir par ces évents un assez grand volume
d'eau pour qu'un canot puisse en être bientôt rempli. Elle lance
cette eau avec tant de rapidité, particulièrement quand elle est
animée par des affections vives, tourmentée par des blessures
et irritée par la douleur, que le bruit de l'eau, qui s'élève et
retombe en colonne ou se disperse en gouttes, effraie presque

tous ceux qui l'entendent pour la première fois, et peut retentir fort loin si la mer est très calme.

On a comparé ce bruit, ainsi que celui produit par l'aspiration de la baleine, au bruissement sourd et terrible d'un orage éloigné. On a écrit qu'on le distinguait d'aussi loin que le coup d'un gros canon. On a prétendu d'ailleurs que cette aspiration de l'air atmosphérique et ce double jet d'eau communiquaient à la surface de la mer un mouvement que l'on ressentait à une distance de plus de deux mille mètres; et comment ces effets seraient-ils surprenants, s'il est vrai, comme on l'a assuré, que la baleine franche fait monter l'eau qui jaillit de ses évents jusqu'à plus de treize mètres de hauteur?

.... L'intérieur de la gueule est si vaste dans ce cétacé que, dans un individu de l'espèce qui n'était encore parvenu qu'à vingt-quatre mètres de longueur et qui fut pris en 1726 au cap de Hourdel, dans la baie de la Somme, la capacité de la bouche était assez grande pour que deux hommes pussent y entrer sans se baisser.

La langue est molle, spongieuse, arrondie par-devant, blanche, tachetée de noir sur les côtés, adhérent à la mâchoire inférieure, mais susceptible de quelques mouvements. Sa longueur surpasse souvent neuf mètres; sa largeur est de trois ou quatre mètres. Elle peut donner plus de six tonneaux d'huile, et Duhamel assure que, lorsqu'elle est salée, elle peut être recherchée comme un mets délicat.

La baleine franche n'a pas de dents, mais tout le dessous de la mâchoire supérieure, ou pour mieux dire toute la voûte du palais est garnie de lames qu'on appelle *fanons*.

La surface de ces fanons est unie, polie, et semblable à celle de la corne. Ils sont composés de poils ou plutôt de crins, placés à côté les uns des autres dans le sens de leur longueur, très rapprochés, réunis et comme collés par une substance gélatineuse qui, lorsqu'elle est sèche, leur donne presque toutes les propriétés de la corne dont ils ont l'apparence.

Chacun de ces fanons est d'ailleurs très aplati, allongé, et très semblable par sa forme générale à la lame d'une faux.

.... La couleur en est ordinairement noire et marbrée de nuances moins foncées.... Après la mort de l'animal, l'épiderme glutineux qui recouvre les fanons se sèche et les colle les uns aux autres.

Si on veut les préparer pour le commerce et les arts, on commence par les séparer avec un coin ; on les fend ensuite dans le sens de leur longueur avec des couperets bien aiguisés ; on divise ainsi les différentes couches dont ils sont composés ; on les met dans de l'eau froide, ou quelquefois dans de l'eau chaude ; souvent encore on les attendrit dans l'huile que la baleine a fournie ; on les ratisse au bout de quelques heures ; on les brosse ; on les place un à un sur une planche bien polie ; on les racle de nouveau ; on en coupe les extrémités ; on les expose à l'air pendant quelques heures, et on les dispose de manière qu'ils puissent continuer de sécher sans s'altérer et se corrompre.

Après avoir eu recours à ces procédés, on a obtenu le produit que tout le monde connaît sous le nom même de l'animal qui le fournit, sous le nom de baleine.

« Nous ne suivrons pas Lacépède dans la longue et intéressante description qu'il donne de la baleine franche ; nous lui demanderons seulement quelles sont les parties de la vaste mer qu'elle semble préférer. »

La baleine franche, nous répond-il, appartient aux deux hémisphères, ou plutôt les mers australes et les mers boréales lui appartiennent.

.... Les rivages, les continents et les îles auprès desquels on l'a vue, les mers dans lesquelles on l'a rencontrée sont :

Le Spitzberg, vers le quatre-vingtième degré de latitude ; le Nouveau Groënland ; l'Islande ; le Vieux Groënland ; le détroit

de Davis ; le Canada ; Terre-Neuve ; la Caroline ; la partie de
l'Océan Atlantique austral, qui est située au quarantième degré
de latitude et vers le trente-sixième degré de longitude occi-
dentale, à compter du méridien de Paris ; l'île Mocha, placée
également au quarantième degré de latitude, et voisine des
côtes du Chili, dans le grand Océan Méridional ; Guatemala ;
le golfe de Panama ; les îles Gallapagos et les rivages occiden-
taux du Mexique, dans la zone torride ; le Japon ; la Corée ;
les Philippines ; le cap de Galles, à la pointe de l'île de
Ceylan, les environs du golfe Persique ; l'île de Socotora,
près de l'Arabie Heureuse ; la côte orientale d'Afrique ; Madagascar ; la baie de Sainte-Hélène ; la Guinée ; la Corse, dans
la Méditerranée ; le golfe de Gascogne ; la Baltique ; la
Norwège.

Nous venons, par la pensée, de faire le tour du monde, et
dans tous les climats, dans toutes les zones, dans toutes les
parties de l'Océan, nous voyons que la baleine franche s'est
montrée.... Quel obstacle, en effet, la température de l'air
pourrait-elle opposer à ce puissant cétacé ?

Dans les zones brûlantes, il trouve aisément au fond des
eaux un abri ou un soulagement contre les effets de la chaleur
de l'atmosphère. Lorsqu'il nage à la surface de l'Océan équi-
noxial, il ne craint pas que l'ardeur du soleil de la zone torride
dessèche sa peau d'une manière funeste, comme les rayons de
cet astre déssèchent, dans quelques circonstances, la peau des
éléphants et des autres pachydermes ; les téguments qui re-
vêtent son dos, continuellement arrosés par les vagues, ou
submergés à sa volonté lorsqu'il sillonne, pendant le calme,
la surface unie de la mer, ne cessent de conserver toute la
souplesse qui lui est nécessaire, et lorsqu'il s'approche du
pôle, n'est-il pas garanti des effets nuisibles du froid par la
couche épaisse de graisse qui le recouvre ?

Si la baleine franche abandonne certains parages, c'est donc
principalement ou pour se procurer une nourriture plus

Dépècement de la baleine.

abondante ou pour chercher à se dérober à la poursuite de
l'homme.

Dans les douzième, treizième et quatorzième siècles, les
baleines' franches étaient si répandues auprès des rivages
français, que la pêche de ces animaux y était très lucrative;
mais, harcelées avec acharnement, elles se retirèrent vers les
latitudes plus septentrionales où nos hardis marins vont
maintenant à leur recherche....

Les navires qu'on emploie à cette pêche ont ordinairement
de trente-cinq à quarante mètres de longueur; on les double
d'un bordage de chêne assez épais et assez fort pour résister
au choc des glaces. On leur donne à chacun depuis six et jusqu'à neuf chaloupes, d'un peu plus de huit mètres de longueur,
de deux mètres ou environ de largeur, et d'un mètre de profondeur depuis le plat-bord jusqu'à la quille.

Un ou deux harponneurs sont désignés pour chacune de ces
chaloupes pêcheuses. On les choisit assez adroits pour percer
la baleine encore éloignée, dans l'endroit le plus convenable;
assez habiles pour diriger la chaloupe suivant la route prise
par la baleine, même lorsqu'elle nage entre deux eaux, et
assez expérimentés pour juger de l'endroit où ce cétacé élèvera
le sommet de sa tête au-dessus de la surface de la mer, afin
de respirer par ses évents l'air de l'atmosphère.

Le harpon qu'ils lancent est un dard un peu pesant et triangulaire, dont le fer, long de près d'un mètre, doit être doux,
bien corroyé, très affilé au bout, tranchant des deux côtés et
barbelé sur ses bords.

Ce fer, ou le dard proprement dit, se termine par une
douille de près d'un mètre de longueur, et dans laquelle on
fait entrer un manche très gros et long de deux ou trois mètres.
On attache au dard même ou à sa douille la ligne qui est faite
du plus beau chanvre, et que l'on ne goudronne pas pour
qu'elle conserve sa flexibilité, malgré le froid extrême que l'on
éprouve dans les parages où se fait cette pêche.

La lance, dont quelques pêcheurs se servent, diffère du harpon en ce que le fer n'a pas d'*ailes* ou *oreilles*, qui empêchent qu'on ne la retire facilement du corps de l'animal, et qu'on n'en porte plusieurs coups de suite avec force et facilité. Elle a souvent cinq mètres de long, et la longueur du fer est à peu près du tiers de la longueur totale de l'instrument.

Le printemps est la saison la plus favorable pour la pêche de la baleine franche aux degrés qui avoisinent le pôle. L'été l'est beaucoup moins.

En effet, la chaleur du soleil, après le solstice, fondant la glace en différents endroits, produit des ouvertures très larges dans les portions de glace congelées où la croûte était la moins épaisse. Les baleines quittent alors les bords des immenses bancs de glace, même lorsqu'elles ne sont pas poursuivies. Elles parcourent de très grandes distances au-dessous de ces champs vastes et endurcis, parce qu'elles respirent facilement dans ces immenses retraites, en nageant d'ouverture en ouverture, et les pêcheurs peuvent d'autant moins les suivre, que les glaçons détachés qui y flottent briseraient ou arrêteraient les canots qu'on voudrait y faire voguer.

La baleine franche tuée et amarrée au navire où on l'a amenée, il s'agit de s'occuper de son dépècement.... On prépare deux palans, l'un pour retourner le cétacé, et l'autre pour tenir sa gueule ouverte au-dessus de l'eau, de manière qu'elle ne puisse pas se remplir.

Les dépeceurs garnissent leurs bottes de crampons afin de se tenir fermes et de marcher en sûreté sur l'animal, et ils se mettent à l'œuvre.

Le dépècement commence derrière la tête, très près de l'œil. La pièce de lard qu'on enlève, et que l'on nomme *pièce de relèvement*, a environ soixante-dix centimètres de largeur. On la lève dans toute la longueur de l'animal. On donne communément cinquante centimètres de large aux autres bandes qu'on lève toujours de la tête à la queue. On tire ces différentes bandes à bord au moyen de crochets ; on les traîne sur le tillac et on les fait tomber dans la cale où on les arrange.

Le premier côté du corps de la baleine complètement dépouillé de sa chair, on passe au dépouillement de la tête. Pour enlever plus facilement les fanons, on soulève cette tête avec une *amarre* fixée au pied du mât d'*artimon*. Ensuite, avec trois crochets, fixés aux palans dont nous avons parlé, et enfoncés dans la partie supérieure du museau, on force la gueule de manière à permettre aux dépeceurs d'aller couper les racines des fanons.

Après cette opération, la plus importante et la plus délicate de toutes, on retourne l'énorme carcasse, et on enlève toutes les chairs de la partie encore intacte ; puis on détache, on repousse et on laisse aller à la dérive ces restes gigantesques et flottants.... Les oiseaux d'eau s'y abattent ; les ours marins s'y assemblent, et tous, à l'envi, en font curée....

Crabes et éponges.

TABLE DES MATIÈRES

TABLE ANALYTIQUE DES VIGNETTES

CONTENUES DANS CE VOLUME

AQUARIUM. — Les aquariums, construits depuis quelques années seulement sur une assez grande échelle pour être réellement utiles à la science, ont singulièrement aidé à vulgariser l'histoire des productions de la mer. Grâce à eux, la vie des poissons, leurs mœurs, leurs habitudes sont devenues faciles à observer.

ARAIGNÉE DE MER. — Ce nom est donné à plusieurs poissons et crustacés, notamment à quelques espèces du genre maïa de l'ordre des décapodes.

CREVETTE. — Petite écrevisse de mer.

BAUDROIE OU DIABLE DE MER. — Poisson des côtes de France.

BROCHET. — Poisson de rivière très vorace, dont la chair blanche et ferme est très saine et très estimée.

CACHALOT. — Mammifère de la famille des cétacés, dans les intestins duquel se trouve l'ambre gris.

CAÏMAN. — Espèce de crocodile de l'Amérique du Sud.

CARPE. — Un des meilleurs poissons d'eau douce; la carpe péchée en eau courante est particulièrement estimée; celle d'étang, non seulement a la chair moins ferme, mais souvent cette chair retient un goût de vase fort désagréable. On appelle *carpillon* la toute petite carpe.

CHAR. — Poisson voisin de l'espèce des saumons, et comme eux de la famille des dermoptères.

Pages.

CIGOGNES. — Oiseaux de l'ordre des échassiers.

COFFRE. — L'enveloppe du corps de ce poisson, qui doit son nom à sa forme, est formée par des compartiments osseux soudés entre eux, et constituant une cuirasse percée de plusieurs trous. Non seulement cette conformation s'oppose à tous les mouvements du tronc, mais les vertèbres dorsales sont toutes soudées entre elles; la queue seule conserve la mobilité nécessaire pour frapper l'eau et satisfaire aux conditions de la progression. Ces poissons sont peu utiles à l'homme à cause de la petite quantité de chair qui se trouve sous leur tégument osseux.

CRABES. — Petit crustacé très commun sur les rivages de la mer. — ÉPONGE. — Production marine très employée en économie domestique par suite de la qualité que possède sa substance légère, molle et très poreuse, d'absorber d'abord et de rejeter ensuite, par une simple pression, les liquides dans lesquels on la plonge. Du mot *éponge* on a fait le verbe *éponger*, pour exprimer l'action de recueillir, d'absorber un liquide, et le qualificatif *spongieux*, qui sert à désigner tout ce qui participe à la qualité de s'imprégner aisément des liquides.

CROCODILE. — Animal amphibie redoutable par sa force et sa voracité.

DAUPHIN. — Mammifère de la famille des cétacés ichtyophages.

DÉPÈCEMENT DE LA BALEINE. — Voir la description de cette opération à la page 186 du présent volume.

ÉPINOCHES ET LEUR NID. — Petit poisson très commun dans nos ruisseaux, et dont les mœurs et les habitudes sont fort curieuses à étudier.

ESTURGEON. — Gros poisson de mer qui remonte dans les rivières. Le *caviar*, ce mets si recherché des peuples du Nord, a pour aliment principale les œufs d'esturgeon.

EXOCET OU POISSON VOLANT. — Ce poisson, très commun dans l'hémisphère boréal, est long de quinze à vingt centimètres; il est remar-

quable par sa parure resplendissante d'azur et d'argent que rehausse
la teinte bleue foncée de la dorsale, de la queue et de la poitrine.

Grâce au développement de ses pectorales, il jouit de la facilité de
s'élever dans les airs et de parcourir ainsi une assez longue distance.
Dans un état permanent d'activité, ces poissons s'élèvent par centaines,
quelquefois par milliers du sein des eaux, et après avoir quelques
instants voleté au soleil, ils retombent dans la mer pour en ressortir
après une courte immersion. La faiblesse de ces poissons les expose
à la voracité d'une foule d'ennemis. Dans la mer, les dorades, les
scambres, les coryphènes les dévorent; dans les airs, les fous, les
frégates et en général tous les oiseaux piscivores leur font une chasse
active.

GRONDIN. — Poisson du Sénégal dont, par extension, le nom a été
donné au rouget de l'Océan Atlantique. C'est cette dernière espèce qui
est représentée sur notre gravure.

HARENG. — Ce poisson de mer, qui serait plus estimé s'il n'était pas
aussi abondant, donne lieu à un grand mouvement de pêche; sa salai-
son constitue une des principales industries du littoral de la Manche
et de la mer du Nord.

HIPPOCAMPES ou CHEVAUX-MARINS (les) ont le tronc comprimé, nota-
blement plus élevé que la queue. On en trouve des espèces dans nos
mers, dans la mer des Indes, en Australie.

HOMARD. — Grosse écrevisse de mer.

ISTIOPHORE PORTE-GLAIVE. — Voir la description de ce poisson dans
le présent volume, pages 138-140.

LAMPROIE. — Poisson serpentiforme qui descend de la mer dans les
fleuves. Celles de la Loire sont particulièrement estimées.

MAIGRE. — Grand poisson de mer.

MALAPTÉRURE ÉLECTRIQUE. — On désigne sous le nom de *malaptéro-*

pleine mer en troupes assez nombreuses. Essentiellement carnassière, la pieuvre se nourrit de crustacés, de poissons et d'autres animaux qu'ils saisissent et étreignent avec leurs bras. Comme les autres espèces de poulpes, la pieuvre meurt presque aussitôt après avoir été retirée de l'eau.

POISSONS SOLDAT. — Ce poisson doit son nom à l'espèce d'armure qui l'enveloppe.

POISSONS D'EAU DOUCE. — Voir, pour l'explication, la légende imprimée autour de la vignette, page 37.

PORC-ÉPIC. — Quadrupède de l'ordre des rongeurs, dont tout le corps est couvert de piquants que l'animal porte d'ordinaire abaissés, mais qu'il a la facilité de redresser pour sa défense.

RAIE. — Poisson de mer plat et cartilagineux.

RÉQUIN. — Gros poisson très vorace et très hardi, du genre des squales ou chiens de mer.

SALAMANDRE. — Reptile amphibie à peu près de la forme du lézard, à longue queue, sans écailles. On a longtemps attribué à tort à la salamandre la propriété de vivre dans le feu.

SAUMON. — Poisson du même genre que la truite dont la chair très estimée est rouge. On appelle *facon* le petit saumon pêché près des sources d'un fleuve avant qu'il en ait remonté le cours vers la mer, et *saumoneau* le saumon qui déjà grand n'a cependant pas atteint toute sa croissance.

MIGRATION DES SAUMONS. — Voyages périodiques faits par les saumons pour descendre déposer leurs œufs aux sources d'un fleuve, et ensuite pour regagner la mer.

SCIE. — Poisson de mer dont le museau se prolonge en une sorte de lame applatie et garnie de pointes sur les côtés.

Sèche ou Seiche. — Animal de mer de la classe des mollusques, qui lance en certaines occasions une liqueur noire, et qui a dans le dos une substance dure et friable. — Huîtres. — Genre de mollusques à coquilles bivalves irrégulières qui se trouvent dans toutes les mers, et sont bien accueillies sur toutes les tables. — Polypier. — Produit du travail et habitation commune de polypes. On sait qu'on appelle polypes une espèce d'animal aquatique de la classe des zoophytes, dont le corps gélatineux est de forme conique, et qui a autour de la bouche plusieurs filets mobiles appelés tentacules.

Serpent à sonnettes ou Crotale, une des espèces de serpent les plus venimeuses.

Serpent boa. — Le plus grand des serpents connus.

Sole. — Poisson de mer, plat, à peu près ovale, dont la chair fine, délicate et fort appréciée, constitue un aliment sain et nourrissant.

Turbot. — Poisson de mer, plat, très estimé.

www.ingramcontent.com/pod-product-compliance
Lightning Source LLC
LaVergne TN
LVHW021443170726
843501LV00005B/1473